电子产品装配与调试技术研究

戴建华　冒莉　著

 中国纺织出版社有限公司

内 容 提 要

电子产品装配技术是将各种电子元器件组装在一起的技术，更是确保电子产品能够正常工作的关键环节。本书全面介绍了电子产品装配技术的各个方面，从电子元器件的识别和检测，到电子产品的生产制造，再到产品的整体组装和测试。本书注重实践与理论的结合，介绍了电子产品装配技术的理论知识，还配以大量的实际案例和图片，让读者能够更加直观地理解电子产品装配的过程和技术。本书适用于生产电子产品的工作人员。

图书在版编目（CIP）数据

电子产品装配与调试技术研究 / 戴建华，冒莉著
. -- 北京：中国纺织出版社有限公司，2024.1
ISBN 978-7-5229-1441-1

Ⅰ．①电⋯　Ⅱ．①戴⋯ ②冒⋯　Ⅲ．①电子设备－装配（机械）－研究 ②电子设备－调试方法－研究　Ⅳ．① TN805

中国国家版本馆 CIP 数据核字（2024）第 042419 号

责任编辑：段子君　　责任校对：高 涵　　责任印制：储志伟

中国纺织出版社有限公司出版发行
地址：北京市朝阳区百子湾东里 A407 号楼　邮政编码：100124
销售电话：010—67004422　传真：010—87155801
http://www.c-textilep.com
中国纺织出版社天猫旗舰店
官方微博 http://weibo.com/2119887771
天津千鹤文化传播有限公司印刷　各地新华书店经销
2024 年 1 月第 1 版第 1 次印刷
开本：710×1000　1/16　印张：11.5
字数：202 千字　定价：99.90 元

前　言

　　随着科技的飞速发展，电子产品已经深入我们生活的每一个角落，从智能电视到笔记本电脑，从 MP3 到手机平板。而在这个过程中，电子产品装配技术扮演着至关重要的角色。它不仅是将各种电子元器件组装在一起的技术，更是确保电子产品能够正常工作，满足人们需求的关键环节。

　　本书全面介绍了电子产品装配技术的各个方面，从电子元器件的识别和检测，到电子产品的生产制造，再到产品的整体组装和测试。本书注重实践与理论的结合，介绍了电子产品装配技术的理论知识，还配以大量的实际案例和图片，让读者能够更加直观地了解电子产品装配的过程和技术。同时，我们还针对电子产品装配中的常见问题，给出了解决方案，让读者能够更好地应对实际工作中的挑战。

　　在此，我们要向所有为本书提供支持和帮助的老师表示衷心的感谢。没有他们的指导和帮助，本书不可能有今天的成果。本书也是无锡商业职业技术学院省级物联网应用技术专业建设项目（2021SJZ01）的成果之一。我们期待读者能够充分利用本书，通过学习和实践，不断提高自己的电子产品装配技术水平。同时，我们也期待读者能够在使用本书的过程中，提出宝贵的意见和建议，以帮助我们不断完善和提高本书的质量。让我们一起探索电子产品的世界，用装配技术点亮生活的每一个角落。

著者

2023 年 12 月

目　　录

第一章 常用电子元器件的识别与检测技术

一、常用电子元器件及检测设备的介绍

常用电子元器件包括电阻器、电容器、电感、晶体二极管、晶体三极管、可控硅、继电器等。电子元器件的检测设备最常用的是万用表，还有一些专用设备，比如晶体管图示仪、电桥，有时还需要电源、毫伏表等设备，可以对其性能进行检测，以确保其能够正常工作。

二、电阻器的识别和检测技术

1. 电阻器的分类

在电子电路中常用的电阻器有固定式电阻器和电位器，按制作材料和工艺不同，固定式电阻器可分为：

①膜式电阻（碳膜 RT、金属膜 RJ、合成膜 RH 和氧化膜 RY）；

②实心电阻（有机 RS 和无机 RN）；

③金属线绕电阻（RX）；

④特殊电阻（MG 型光敏电阻、MF 型热敏电阻）。

2. 电阻的结构和特点

几种常用电阻的结构和特点如表 1–1 所示。

表 1–1 常用电阻的结构和特点

种类	结构和特点
金属薄膜电阻	通常用真空镀膜或阴极溅射工艺，将作为电阻材料的某种金属或合金（如镍铬合金、氧化锡或氮化钽）淀积在绝缘基体上，使绝缘基体表面形成一层导电金属膜。用激光刻槽和改变金属膜的厚度可以控制阻值。这种电阻和碳膜电阻相比，体积小、噪声低、稳定性好，但成本较高

种类	结构和特点
金属氧化膜电阻器	利用金属氯化物（氯化锑、氯化锌、氯化锡）在高温下通过绝缘基体水解形成金属氧化物电阻膜。特点：由于其本身即是氧化物，所以在高温下稳定，耐热冲击，负载能力强。但其在直流电下容易发生电解，使氧化物还原，性能不太稳定
线绕电阻器	用康铜或者镍铬合金电阻丝在陶瓷骨架上绕制成。它的特点是工作稳定，耐热性能好，误差范围小，适用于大功率的场合，额定功率一般在 1W 以上。线绕电阻器具有可靠性高、稳定性好、无非线性，以及电流噪声、温度和电压系数小的优点。值得注意的是，线绕电阻器具有感性和容性效应，通常不适用于 50kHz 以上的频率
碳膜电阻器	将气态碳氢化合物在高温和真空中分解，碳沉积在瓷棒或者瓷管上，形成一层结晶碳膜。改变碳膜厚度和用刻槽的方法变更碳膜的长度，可以得到不同的阻值。特点：成本较低，阻值范围宽，有良好的稳定性，温度系数不大且是负值，是目前应用最广泛的电阻器

3. 电阻器的主要性能指标

① 额定功率：额定功率是指在规定的环境温度和湿度下，假定周围空气不流通，在长期连续负载而不损坏或基本不改变性能的情况下，电阻器上允许消耗的最大功率。为保证安全使用，一般选其额定功率比它在电路中消耗的功率高 $1 \sim 2$ 倍。

额定功率分为 19 个等级，常用的有 0.05W、0.125W、0.25W、0.5W、1W、2W、3W、5W、7W、10W。

② 标称阻值：标称阻值是指产品上标示的阻值，其单位为欧（Ω）、千欧（kΩ）、兆欧（MΩ）。标称阻值都应符合表 1-2 所列数值乘以 $10^n\Omega$，其中 n 为整数。

表 1-2　电阻阻值系列

允许误差	系列代号	标称阻值系列
5%	E24	1.0/1.1/1.2/1.3/1.5/1.6/1.8/2.0/2.2/2.4/2.7/3.0/3.3/3.6/3.9/4.3/4.7/5.1/5.6/6.2/6.8/7.5/8.2/ 9.1
10%	E12	1.0/1.2/1.5/1.8/2.2/2.7/3.3/3.9/4.7/5.6/6.8/8.2
20%	E6	1.0/1.5/2.2/3.3/4.7/6.8

③ 允许误差：允许误差是指电阻器和电位器实际阻值对于标称阻值的最大允许偏差范围。它表示产品的精度，允许误差的等级如表1–3所示。

表1–3　电阻阻值误差等级

级别	005	01	02	I	II	III
允许误差	±0.5%	±1%	±2%	±5%	±10%	±20%

④ 最高工作电压：最高工作电压是指电阻器长期工作不发生过热或电击穿损坏时的电压。如果电压超过规定值，电阻器内部会产生火花，引起噪声，甚至损坏。表1–4是碳膜电阻的最高工作电压。

表1–4　碳膜电阻的最高工作电压

标称功率 /W	1/16	1/8	1/4	1/2	1	2
最高工作电压 /V	100	150	350	500	750	1000

⑤ 稳定性：稳定性是衡量电阻器在外界条件（如温度、湿度、电压、时间、负荷性质等）作用下电阻变化的程度。

⑥ 噪声电动势：电阻器的噪声电动势在一般电路中可以不考虑，但在弱信号系统中不可忽视。电阻器的噪声包括热噪声和电流噪声。

⑦ 高频特性：电阻器在高频条件下使用时，要考虑其固有电感和固有电容的影响。

4．电阻的命名方法

根据国家标准 GB/T 2470—1995《电子设备用固定电阻器、固定电容器型号命名方法》规定，电阻器、电位器的命名由下列4个部分组成：第一部分——主称；第二部分——材料；第三部分——分类特征；第四部分——序号。它们的型号及意义如表1–5所示。

表 1–5　电阻器的型号及意义

第一部分：主称		第二部分：材料		第三部分：特征分类			第四部分：序号
符号	意义	符号	意义	符号	意义		
					电阻器	电位器	
R	电阻器	T	碳膜	1	普通	普通	对主称、材料相同，仅性能指标、尺寸大小有差别，但基本不影响互换使用的产品，给予同一序号；若性能指标、尺寸大小明显影响互换时，则在序号后面用大写字母作为区别代号
W	电位器	H	合成膜	2	普通	普通	
		S	有机实心	3	超高频	—	
		N	无机实心	4	高阻	—	
		J	金属膜	5	高温	—	
		Y	氧化膜	6	—	—	
		C	沉积膜	7	精密	精密	
		I	玻璃釉膜	8	高压	特殊函数	
		P	硼碳膜	9	特殊	特殊	
		U	硅碳膜	G	高功率	—	
		X	线绕	T	可调	—	
		M	压敏	W	—	微调	
		G	光敏	D	—	多圈	
		R	热敏	B	温度补偿用	—	
				C	温度测量用	—	
				P	旁热式	—	
				W	稳压式	—	
				Z	正温度系数		

【举例】

电阻：RJ71–0.125 — 5.1kI 型的命名含义——

R 电阻器—J 金属膜—7 精密—1 序号—0.125 额定功率—5.1k 标称阻值—I 误差 5%。

电位器：

5．电阻的检测方法

（1）万用表检测法

将两表笔（不分正负）分别与电阻的两端引脚相接即可测出实际电阻值。

① 普通电阻器的检测方法。用万用表的欧姆档测量电阻器的阻值：将测量值和标称值进行比较，从而判断电阻器是否正常。电阻器的常见故障有：短路、断路及老化（实际值远偏离测量值）3 种。

② 电位器与可变电阻器的检测方法。检测方法与检测普通电阻器的方法类似，不同之处在于：电位器与可变电阻器两固定引脚之间的电阻值应等于标称值，若测量值远大于或远小于标称值，则说明该元件出现故障。缓慢调节电位器或可变电阻器，观察测量元件定片和动片之间的阻值有何变化。

③ 电位器阻值的变化规律。电位器阻值变化是指电位器的阻值随滑动片触点旋转角度（或滑动行程）之间的变化关系，这种变化关系可以是任何函数形式，常用的有直线式（X 型）、对数式（D 型）和指数式（Z 型），如图 1-1 所示。在使用中，直线式电位器适合作为分压器；指数式（反转对数式）电位器适合作为收音机、录音机、电唱机、电视机中的音量控制器。维修时若找不到同类品，可用直线式代替，但不宜用对数式代替。对数式电位器只适合作为音调控制等。

图 1-1　电位器的旋转角度（或滑动行程）与阻值的变化关系

④ 用万用表检测的注意事项：

A.为了提高测量精度，应根据被测电阻标称值的大小来选择量程。

B.应使模拟表的指针指示值尽可能落到刻度的中段位置，即全刻度起始的 20％～80％弧度范围，以使测量更准确。

C.在测试时，特别是在测几十千欧（kΩ）以上的电阻时，手不要触及表笔和电阻的导电部分。

（2）参数标注识别方法

电阻的参数标注方法有 3 种，即直标法、色标法和数标法。

① 直标法。直标法主要用于体积较大（功率大）的电阻。将该电阻的标称值和允许偏差、型号、功率等参数直接标在电阻表面。

② 数标法。数标法主要用于贴片等体积较小的电阻，根据所标的数值进行识别。例如：472 表示 $47×10^2$ Ω（4.7kΩ）；104 则表示 $10×10^4$ Ω（100kΩ）。

③ 色标法。色标法使用最多，是根据电阻上不同色环的颜色来识别电阻阻值的。色环电阻通可以分为四环电阻（普通电阻）和五环电阻（精密电阻），如图 1-2 所示。色环电阻的颜色与数字对照表如表 1-6 所示。五环与四环的读数基本一致，就是标称值中的有效数字加一位（有三位有效值）。

图 1-2　四环电阻和五环电阻的标识图示

表 1-6　色环电阻的颜色与数字对照情况

色 别	第一色环	第二色环	第三色环应乘的数	第四色环误差
棕	1	1	10	
红	2	2	100	
橙	3	3	1000	
黄	4	4	10000	
绿	5	5	100000	
蓝	6	6	1000000	

续表

色 别	第一色环	第二色环	第三色环应乘的数	第四色环误差
紫	7	7	10000000	
灰	8	8	100000000	
白	9	9	1000000000	
黑	0	0	1	
金			0.1	±5%
银			0.01	±10%
无色				±20%

【举例】

四环电阻的色环依次是：红、黑、红、银，则阻值为 $20 \times 10^2 = 2000\Omega = 2$ kΩ，误差为 10%。

五环电阻的色环依次是：棕、红、红、黑、棕，则阻值为 $122 \times 10^0 = 122\Omega$，误差为 1%。

三、 电容器的识别和检测技术

电容器是一种储能元件，在电路中用于调谐、滤波、耦合、旁路、能量转换和延时。电容器通常简称为电容。

1. 电容器的分类

① 根据结构的不同，分为固定电容器、半可变电容器、可变电容器 3 种。

② 根据介质的不同，分为陶瓷电容、云母电容、纸质电容、薄膜电容、电解电容等。

不同介质的电容的主要特性如下所述。

①陶瓷电容：以高介电常数、低损耗的陶瓷材料为介质的电容器，体积小，自体电感小。

②云母电容：以云母片为介质的电容器，性能优良，高稳定，高精密。

③纸质电容：纸介电容器的电极用铝箔或锡箔做成，绝缘介质是浸蜡的纸，相叠后卷成圆柱体，外包防潮物质，有时外壳采用密封的铁壳以提高防潮性。价格低，容量大。

④薄膜电容：用聚苯乙烯、聚四氟乙烯或涤纶等有机薄膜代替纸介质做成的各种电容器。体积小，但损耗大，不稳定。

⑤电解电容：以铝、钽、铌、钛等金属氧化膜为介质的电容器。容量大，稳定性差（使用时应注意极性）。

2．主要性能指标

（1）标称容量和允许误差

电容器的标称容量是指标示在电容器表面的电容量。

电容器的标称容量与实际容量之差，除以标称值所得的百分比，就是允许误差。电容器的允许误差级别如表 1-7 所示。

表 1-7　允许误差级别

允许误差	±2%	±5%	±10%	±20%	+20%～−30%	+50%～−20%	+100%～−10%
级别	02	I	II	III	IV	V	VI

（2）额定工作电压

额定工作电压是指低于耐压值的电压。

（3）绝缘电阻

电容两极之间的电阻叫作绝缘电阻，或者叫作漏电电阻，大小是额定工作电压下的直流电压与通过电容的漏电电流的比值。漏电电阻越小，漏电越严重，所以漏电电阻越大越好。

（4）介质损耗

电容器在电场作用下消耗的能量，通常用损耗功率（有功功率）和电容器的无功功率之比，即损耗角的正切值表示。损耗角越大，电容器的损耗就越大，因此损耗角大的电容不适合在高频情况下工作。

3.电容的参数识别和选用

（1）主要参数

电容的主要参数是容量和耐压值。

（2）容量单位

常用的容量单位有 μF（10^{-6} F）、nF（10^{-9} F）和 pF（10^{-12}F），标注方法与电阻相同。当标注数值中省略单位时，默认单位应为 pF。

（3）电容量的数码表示法

电容量的数码表示通常由三位数构成，左起第一、第二位数字为有效数字位，第三位数字为倍率。单位为 pF。

例如：103 表示 10×10^{3}=10000pF=0.01 μF；

104 表示 10×10^{4}=100000pF=0.1 μF；

473 表示 47×10^{3}=47000pF=0.047 μF。

（4）电容的选用应考虑使用频率和耐压。电解电容还应注意极性，使正极接到直流电源的高电位，还应考虑使用温度。

4. 电容的检测方法

电容相较于电阻出现故障的概率大。

（1）电容的常见故障

电容的常见故障有开路故障、击穿故障、漏电故障。

（2）电容的检测

电容一般采用万用表的电阻挡进行检测。

①电容容量大小的判别。

5000pF 以上容量的电容器用万用表的最高电阻挡判别。根据万用表的指针摆动范围判断电容器容量的大小。

5000pF 以下容量的电容器应选用具有测量电容功能的数字万用表进行测量。

电解电容的检测：在每次测量时，应注意先将电容引脚短路一下，保证电容充分放电，否则容易损坏万用表。

②固定电容故障的判断。

用判别电容器容量大小的方法进行检测。

若出现万用表指针不摆动，则说明电容器已开路；若万用表指针向右摆动后，指针不再复原，则说明电容器被击穿；若万用表指针向右摆动后，指针有少量复原，则说明电容器有漏电现象，指针稳定后的读数即为电容器的漏电电阻。电容器正常时，其电容器的绝缘电阻应为 108 ～ 1010 Ω。

③微调电容和可变电容的检测。

把万用表调到最高电阻挡，通过测量定片和动片之间的电阻来判断是否正常，有无短路故障，有无碰片故障等。

四、电感器的识别和检测技术

凡能产生自感作用的元件称为电感器。电感是一种储能元件，在电路中具有耦合、滤波、阻流、补偿、调谐等作用。在电子线路中，电感线圈对交流有限流作用，它与电阻器或电容器能组成高通或低通滤波器、移相电路及谐振电路等，如图 1-3 所示是电感用于 LC 低通滤波器的例子。

变压器是一种利用互感原理来传输能量的元件，它实质上是电感器的一种特殊形式。变压器用来进行交流耦合、阻抗匹配、变压、变流、变阻抗等。

1. 电感的符号

电感的符号用 L 表示。在电路图中，各种电感的图形符号如图 1-4 所示。

图 1-3 LC 滤波电路　　　　　图 1-4 电感的图形符号

2. 电感的分类

常用电感按电感值可分为固定电感、可变电感。按导磁体性质可分为空芯线圈、铁氧体线圈、铁芯线圈和铜芯线圈。按工作性质可分为天线线圈、振荡线圈、扼流线圈、陷波线圈和偏转线圈。按绕线结构可分为单层线圈、多层线圈和蜂房式线圈。

3. 电感的主要参数

（1）电感量 L

电感量 L 表示线圈本身的固有特性，与电流大小无关。除专门的电感线圈（色码电感）外，电感量一般不专门标注在线圈上，而是以特定的名称标注。电感量的单位有：亨（H）、毫亨（mH）、微亨（μH），$1H = 10^3 \, mH = 10^6 \, μH$。

（2）感抗 X_L

电感线圈对交流电流阻碍作用的大小称感抗 X_L，单位是欧姆（Ω）。它与电感量 L 和交流电频率 f 的关系为：$X_L = 2\pi f L$。

（3）品质因素 Q

品质因素 Q 是表示电感线圈质量的一个物理量，Q 为感抗 X_L 与其等效电阻的比值，即 $Q=X_L/R$。线圈的 Q 值越高，回路的损耗越小。线圈的 Q 值与导线的直流电阻，骨架的介质损耗，屏蔽罩或铁芯引起的损耗，高频趋肤效应的影响等因素有关。线圈的 Q 值通常为几十到几百。采用磁芯线圈，多股粗线圈均可提高线圈的 Q 值。

（4）标称电流

标称电流是指线圈允许通过的电流大小。通常用字母 A、B、C、D、E 分别表示标称电流值为 50 mA、150 mA、300 mA、700 mA、1600 mA。额定电流是指电感器在允许的工作环境下能承受的最大电流值。若工作电流超过额定电流，电感器会因发热而使性能参数发生改变，甚至还会因过流而烧毁。

（5）允许偏差

允许偏差是指电感器上的标称电感量与实际电感量之间的允许误差值。

4．电感使用的注意事项

（1）电感使用的场合

电感线圈的等效损耗电阻的大小，与使用场合的潮湿与干燥、环境温度的高低、高频或低频环境等有关。因此，要注意电感在不同使用场合所表现的是近似纯感性，还是阻抗特性，在应用中对电感线圈的 Q 值的大小有无要求。

（2）电感的频率特性

在低频时，电感一般呈现电感特性，即只起蓄能、滤高频的特性。

但在高频时，电感的阻抗特性表现得很明显，有耗能发热、感性效应降低等现象。不同电感的高频特性都不一样。

5．电感的识别与检测

电感量的标称有直标式、色环标式、无标式。其中，电感的色环标式的方法与电阻类似，如图 1-5 所示，色环与数字的对应关系如表 1-8 所示。

电感方向性：单独的电感无方向，但在互感线圈的应用中要注意极性的同名端。

检查电感好坏的方法：①用电感测量仪测量其电感量；②用万用表测量其通断（理想的电感电阻很小，近乎为零）。

图 1-5　色环标式

表 1-8　色环与数字的对应关系

色标	标称电感量		倍率	精度	色标	标称电感量		倍率	精度
	第一色环	第二色环				第一色环	第二色环		
黑	0		1	±20%	蓝	6		—	—
棕	1		10	—	紫	7		—	—
红	2		100	—	灰	8		—	—
橙	3		1000	—	白	9		—	—
黄	4		—	—	金			0.1	±5%
绿	5		—	—	银			0.01	±10%

五、二极管的识别和检测技术

晶体二极管（简称二极管）是半导体的基本元器件之一，具有单向导电的基本特性。

二极管的基本结构如图 1-6（a）所示。其核心组成部分管芯由 P 型半导体和 N 型半导体相互紧密结合成的 PN 结所构成。为了使二极管能与外部电路进行可靠连接，需要在 P 区和 N 区两端引出电极引线或贴片焊接区（贴片元器件），并加以封装（管壳）。二极管的电路符号如图 1-6（b）所示，其箭头方向表示正向电流的方向，即由阳极（anode）指向阴极（kathode）的方向。

（a）结构示意　　　　　　　　　　　　（b）符号

图 1-6　二极管的结构和符号

1．二极管的分类

二极管的种类很多，按所用材料可分为锗二极管、硅二极管、砷化镓二极管等；按结构可分为点接触二极管和面接触二极管；按用途可分为开关二极管、检波二极管、整流二极管、稳压二极管、变容二极管、发光二极管和光电（敏）二极管等；按工作电流的大小可分为小电流管和大电流管；按耐压高低可分为低压管和高压管；按工作频率的高低可分为低频管和高频管等。其中，开关二极管和整流二极管统称为普通二极管，其他则统称为特殊二极管。

（1）整流二极管

将交流电流整流成为直流电流的二极管叫作整流二极管，它是面接触型的功率器件，因结电容大，故工作频率低。整流二极管多用硅半导体材料制成，有金属封装和塑料封装两种，如图 1-7 所示。通常，导通电流 I_F 在 1A 以上的二极管采用金属壳封装，有利于散热；I_F 在 1A 以下的采用全塑料封装。由于工艺技术的不断提高，现在不少较大功率的整流二极管也采用塑料封装的形式。

　　（a）全密封金属结构　　　　　　　　　　（b）塑料封装

图 1-7　整流二极管的封装外形

（2）检波二极管

检波二极管要求结电容小，反向电流小，所以检波二极管常为点接触型二极管。

（3）光电二极管

光电二极管又叫光敏二极管，它是利用 PN 结在施加反向电压且在光线照射下反向电阻由大变小的原理进行工作的。

（4）稳压二极管

稳压二极管是一种齐纳二极管，在电路中起稳压作用。其基本特性是利用二极管在反向击穿时的两端电压，基本上不随电流大小变化而变化，而是稳定在某一数值，故称为稳压二极管（简称稳压管）。稳压二极管是由硅材料制成的面接触型晶体二极管。

稳压二极管在电路中常用"ZD"加数字表示，例如：ZD5 表示编号为 5 的稳压管。伏安特性曲线如图 1-8 所示，当反向电压达到 V_z 时，即使电压有一微小的增加，反向电流亦会猛增（反向击穿曲线很徒直），这时，二极管处于击穿状态，如果把击穿电流限制在一定范围内，管子就可以长时间在反向击穿状态下稳定工作。

图 1-8　硅稳压管伏安特性曲线

（5）变容二极管

变容二极管是利用 PN 结的空间电荷层具有电容特性的原理制成的特殊二极管。它的特点是结电容随着加到管子上的反向电压的大小而变化。变容二极管是利用 PN 结的电容随外加偏压的变化而变化这一特性制成的非线性电容元件，被广泛地用于参量放大器、电子调谐及倍频器等电子电路中。变容二极管主要是通过结构设计及工艺等一系列途径来突出电容与电压的非线性关系，并提高 Q 值以适合应用。变容二极管的结构与普通二极管相似，其符号如图 1-9 所示。

图 1-9　变容二极管图形符号

（6）发光二极管

发光二极管（LED）是一种半导体发光器件。根据制造材料和工艺的不同，发光颜色有红色、绿色、黄色等。有的发光二极管还能根据所加电压的不同发出不同颜色的光，叫作变色发光二极管。

2. 二极管的主要参数

二极管（也包括其他电子器件）的特性还可以用它的参数来表示。参数是用来定量描述二极管性能的指标，它表明了二极管的应用范围。因此，参数是正确使用和合理选择二极管的依据。参数可以直接测量，很多参数还可以从半导体器件手册中查出。二极管的主要参数如下所述。

（1）最大整流电流 I_F

最大整流电流 I_F 是指二极管正常工作时允许通过的最大正向平均电流，它与 PN 结的材料、结面积和散热条件有关。因为电流流过 PN 结要引起二极管发热，如果在实际运用中流过二极管的平均电流超过 I_F，则二极管将因过热而被烧坏。因此，二极管的平均电流不能超过 I_F，并且要满足散热条件。

（2）最大反向工作电压 U_R

最大反向工作电压 U_R 是指二极管在使用时所允许加的最大反向电压。为了确保二极管安全工作，通常取二极管反向击穿电压 U_{BR} 的一半为 U_R。例如，二极管 1N4001 的 U_R 规定为 100V，而 U_{BR} 实际上大于 200V。在实际运用时，二极管所承受的最大反向电压不应超过 U_R，否则二极管就有发生反向击穿的危险。

（3）反向电流 I_R

反向电流 I_R 是指二极管未击穿时的反向电流值。I_R 越小，二极管的单向导电性越好。由于温度升高时 I_R 将增大，所以在使用时要注意温度的影响。

（4）最高工作频率 f_M

最高工作频率 f_M 是由 PN 结的结电容（结电容的产生原因稍后说明）大小决定的参数。当工作频率 f 超过 f_M，结电容的容抗减小，二极管将逐渐失去它的单向导电性。

3．二极管的检测方法

通常，最简便的方法是用万用表来判别二极管的好坏。依据二极管的单向导电特性，测量时，将万用表拨到 $R \times 1k$ 挡，分别测量二极管的正向、反向电阻，好的二极管的反向电阻一般都很大，甚至无穷大。正向、反向电阻相差越大越好。如果正向、反向测得的阻值一样大或一样小，说明该二极管已损坏。

4．极性识别方法

二极管的极性识别很简单，小功率二极管的 N 极（负极）在二极管外表大多采用一种色圈标出来，也有些二极管用二极管专用符号来表示 P 极（正极）或 N 极（负极）。发光二极管的正负极可从引脚的长短来识别，长脚为正，短脚为负。常见半导体二极管的引脚排列如表 1–9 所示。

表 1-9　常见半导体二极管的引脚排列

类别	外形封装及引脚排列	实例	特点及应用
半导体二极管 — 玻璃封装		1N758 1N4148 2CK73	低造价，小功率
塑料封装		1N4148 1N5401 FR107	低造价，较大功率
发光二极管 LED		FG314003 FG114130	各种颜色及顶部形状，用于各种显示

　　二极管的极性也可以用万用表测量其正反向电阻来确定，但模拟表与数字表有所不同：

　　（1）模拟万用表

　　测量二极管时，以测得小的那一次为例（正向电阻），万用表黑表笔所接的便是二极管的正极，红表笔所接的便是二极管的负极。这是因为万用表在电阻挡时，万用表的黑表笔接其内部电池的正极，红表笔接其电池内部的负极。

　　（2）数字万用表

　　数字万用表测量时与模拟万用表的判别正好相反，以测得小的那一次为例（正向电阻），万用表红表笔所接的便是二极管的正极。

此外，用数字万用表测试二极管时，可将功能转换开关置于二极管测试挡，此时所测得的是二极管的正向导通电压，普通开关二极管的正向导通电压为 650 ～ 700mV。

用模拟万用表测试二极管的方法如表 1–10 所示。

表 1–10　用模拟万用表测试二极管的方法

项目	正向电阻	反向电阻
测试方法		
测试情况	硅管的表针指示位置在中间或中间偏右一点，锗管的表针指示在右端靠近满刻度的地方（如上图所示），表明二极管正向特性是好的。如果表针在左端不动，则二极管内部已经断路	硅管的表针在左端基本不动，极靠近最左位置，锗管的表针从左端起动一点，但不应超过满刻度的 1/4（如上图所示），则表明反向特性是好的，如果表针指在 0 位，则二极管内部已短路

5. 二极管的耐压比较

常用的 1N4000 系列二极管耐压比较如表 1–11 所示。

表 1–11　常用的 1N4000 系列二极管耐压

型号	1N4001	1N4002	1N4003	1N4004	1N4005	1N4006	1N4007
耐压 /V	50	100	200	400	600	800	1000
电流 /A	均为 1						

六、三极管的识别和检测技术

晶体三极管，简称三极管，是半导体基本元器件之一，具有放大电流的作用，是电子电路的核心元件。

1. 三极管的结构及功能

晶体三极管，是在一块半导体基片上制作两个相距很近的 PN 结，两个 PN 结将半导体分成 3 个部分，中间部分是基区，两侧部分是发射区和集电区。

三极管按结构的排列方式分为 PNP 和 NPN 两种，三极管的三个极分别为基极 B、发射极 E 和集电极 C。结构如图 1-10 所示。常用三极管的封装形式有金属封装和塑料封装两大类。

图 1-10　PNP 和 NPN 型三极管的基本结构示意

晶体三极管具有放大电流的作用，其实质是三极管能以基极电流微小的变化量来控制集电极电流较大的变化量。这是三极管最基本和最重要的特性。三极管处于放大状态时，集电极电流 I_c 与基极电流 I_B 的比值为三极管的共发射极直流电流放大系数，用符号 "$\bar{\beta}$" 表示。共发射极直流电流放大系数 $\bar{\beta}$ 对于某一只三极管来说是一个定值，但随着三极管工作时基极电流的变化也会发生一定的改变。

2. 三极管的管脚识别

目前，国内各种类型的三极管有许多种，管脚的排列不尽相同，当在使用中不确定管脚排列的三极管时，必须进行测量确定各管脚正确的位置，或查找晶体管使用手册，明确三极管的特性及相应的技术参数和资料。

三极管的管脚的排列方式具有一定的规律，对于小功率金属封装三极管，在三个引脚构成等腰三角形的顶点上，从左向右依次为 E、B、C；对于中小功率的塑料封装三极管，当其平面朝向自己，三个引脚朝下放置，从左到右依次为 E、B、C。

3．三极管的主要参数

三极管的参数是用来表征三极管的特性、性能优劣和适用范围的，它是合理选用三极管的基本依据。由于制造工艺的不同，即使是同一型号的三极管，其参数的分散性也很大，通常可以通过手册或专业网站查出某一特定型号三极管的参数，在实际使用时应以实测作为依据。三极管的参数有很多，这里介绍主要几个参数。

（1）电流放大系数

前面已介绍过共发射极直流电流放大系数 $\overline{\beta}$，$\overline{\beta} = I_C / I_B$。通常把输出电流变化量 ΔI_C 与输入电流变化量 ΔI_B 的比值，称为共发射极交流电流放大系数，用 β 表示，即 $\beta = \Delta I_C / \Delta I_B$。显然，$\beta$ 和 $\overline{\beta}$ 是两个不同的概念。但实际上，三极管在导通时，在 I_C 的一个相当大的范围内，$\beta \approx \overline{\beta}$。

（2）极间反向电流

极间反向电流是表征三极管温度稳定性的参数。由于极间反向电流受温度影响较大，若极间反向电流太大将使三极管不能稳定工作。极间反向电流包括：

①集电极—基极间的反向饱和电流 I_{CBO}。

I_{CBO} 表示三极管发射极开路，C、B 极间加上一定反向电压时的反向电流。I_{CBO} 的值很小，常温下，小功率硅管的 I_{CBO} 小于 1mA，小功率锗管的 I_{CBO} 小于 10mA。在实际使用中，应尽量选用 I_{CBO} 小的三极管。

②集电极—发射极间的穿透电流 I_{CEO}。

I_{CEO} 表示基极开路，C、E 极间加一定的电压时的电流。由于 I_{CEO} 从集电区穿过基区流至发射区，所以称为穿透电流。因 $I_{CEO} = (1+\beta) I_{CEO}$，故 I_{CEO} 比 I_{CBO} 大得多，小功率硅管的 I_{CEO} 可达几 μA，小功率的锗管的 I_{CEO} 可达几十 μA 以上。在实际使用中，应尽量选用 I_{CEO} 小的三极管。

（3）极限参数

①集电极最大允许电流 I_{CM}：当三极管的集电极电流超过一定值时，三极管的 β 值下降。I_{CM} 表示 β 值下降到正常值的 2/3 时的集电极允许的最大电流。当电流超过 I_{CM} 时，三极管的 β 值将明显下降。

②集电极最大允许功耗 P_{CM}：集电极最大允许功耗 P_{CM} 是指三极管在正常工作时的最大允许消耗的功率。超过此值将导致三极管性能变差，甚至烧坏三极管。

③反向击穿电压 $U_{(BR)EBO}$：反向击穿电压 $U_{(BR)EBO}$ 指集电极开路时，发射极—基极间的反向击穿电压，这是发射结所允许的最高反向电压，一般为几伏至几十伏。

④反向击穿电压 $U_{(BR)CEO}$：反向击穿电压 $U_{(BR)CEO}$ 指基极开路时，集电极—

发射极间的反向击穿电压，一般为几十伏至几百伏。当集电极—发射极间的电压 $U_{CE} > U_{(BR)CEO}$ 时，可能导致三极管损坏。

4. 三极管的三种工作状态

截止状态：当加在三极管发射结的电压小于 PN 结的导通电压时，基极电流为零，集电极电流和发射极电流都为零，这时三极管失去了放大电流的作用，集电极和发射极之间相当于开关的断开状态，这种状态称为三极管处于截止状态。

放大状态：当加在三极管发射结的电压大于 PN 结的导通电压，并处于某一恰当的值时，三极管的发射结正向偏置，集电结反向偏置，这时基极电流对集电极电流起着控制作用，使三极管具有放大电流的作用，其电流放大倍数 $\beta = \Delta I_c / \Delta I_b$，这时三极管处于放大状态。

饱和导通状态：当加在三极管发射结的电压大于 PN 结的导通电压，并当基极电流增大到一定程度时，集电极电流不再随着基极电流的增大而增大，而是处于某一定值附近，这时三极管失去放大电流的作用，集电极与发射极之间的电压很小，集电极和发射极之间相当于开关的导通状态。三极管的这种状态称之为饱和导通状态。

根据三极管工作时各个电极的电位高低，可以判别三极管的工作状态。因此，电子维修人员在维修过程中，经常要拿多用电表测量三极管各脚的电压，从而判别三极管的工作情况和工作状态是否正常。

5. 用万用表测试三极管

可以把晶体三极管的结构看作两个背靠背的 PN 结，对 NPN 型来说，基极是两个 PN 结的公共阳极；对 PNP 型来说，基极是两个 PN 结的公共阴极，分别如图 1–11（a）（b）所示。

（a）NPN 型　　　　　　　　　　　　（b）PNP 型

图 1–11　晶体三极管结构示意

（1）管型与基极的判别

万用表置电阻挡，量程选 1 k 挡（或 $R \times 100$），将万用表任一表笔先接触某一个电极——假定的公共极，另一表笔分别接触其他两个电极，当两次测得的电阻均很小（或均很大）时，则前者所接电极就是基极，如两次测得的阻值一大一小，相差很多，则前者假定的基极有错，应更换其他电极重测。

根据上述方法，可以找出公共极，该公共极就是基极 B，若公共极是阳极，该管属于 NPN 型，反之则是 PNP 型。

（2）发射极与集电极的判别

为使三极管具有放大电流的作用，发射结需加正偏置，集电结加反偏置，如图 1–12 所示。

当三极管基极 B 确定后，便可判别集电极 C 和发射极 E，同时还可以大致了解穿透电流 I_{CEO} 和电流放大系数 β 的大小。

以 PNP 型管为例，若用红表笔（对应表内电池的负极）接集电极 C，黑表笔接 E 极（相当 C、E 极间电源正确接法），如图 1–13 所示，这时万用表指针摆动很小，它所指示的电阻值反映三极管穿透电流 I_{CEO} 的大小（电阻值大，表示 I_{CEO} 小）。如果在 C、B 间跨接一只 $R_B = 100\ \mathrm{k\Omega}$ 电阻，此时万用表指针将有较大摆动，它指示的电阻值较小，反映了集电极电流 $I_C = I_{CEO} + \beta I_B$ 的大小。且电阻值减小越多表示 β 越大。如果 C、E 极接反（相当于 C、E 间电源极性反接）则三极管处于倒置工作状态，此时电流放大系数很小（一般＜1），于是万用表指针摆动很小。因此，比较 C、E 极两种不同电源极性接法，便可判断 C 极和 E 极了。同时，还可大致了解穿透电流 I_{CEO} 和电流放大系数 β 的大小，例如，万用表上有 hFE 插孔（数字万用表），可利用 hFE 来测量电流放大系数 β。

（a）NPN 型　　　（b）PNP 型

图 1–12　晶体三极管的偏置情况

图 1–13　三极管 C、E 的判别

6. 三极管的相关知识

三极管有三个电极，在连接成电路时必须有两个电极与输入回路相连，这样就使得其中的一个电极必须作为输入回路和输出回路的公共端。根据公共端的不同，三极管电路有三种连接方式，如图 1–14 所示。共发射极接法的公共端为发射极，输入端的一端为基极，输出端的一端为集电极；共基极接法的公共端为基极，输入端的一端为发射极，输出端的一端为集电极；共集电极接法的公共端为集电极，输入端的一端为基极，输出端的一端为发射极。

（a）共发射极接法　　　（b）共基极接法　　　（c）共集电极接法

图 1-14　三极管的三种连接方式

无论采用哪一种接法，三极管若具有电流放大作用，必须满足一定的外部条件，即给三极管加合适的偏置，使发射结正偏，集电结反偏。NPN 型管和 PNP 型管所接的外部电路的电源极性正好相反，如图 1-15 所示。其中，R_B 是基极偏置电阻，R_C 是集电极电阻，当满足发射结正偏，集电结反偏时，三极管各极电位的大小关系：对于 NPN 型管有 $V_C > V_B > V_E$，对于 PNP 型管有 $V_E > V_B > V_C$。下面以 NPN 型管为例介绍三极管的电流分配关系和放大作用。

（a）NPN 型三极管的偏置电路　　　（b）PNP 型三极管的偏置电路

图 1-15　三极管电源的接法

（1）三极管的电流分配关系

在 NPN 管中，由于发射结正偏，发射区的多子（电子）不断向基区扩散，并不断地由电源得到补充，形成发射极电流 I_E。基区多子（空穴）也向发射区扩散，由于其数量极小，可以忽略。到达基区的电子由于浓度差继续向集电结方向扩散，在扩散的过程中，少部分的电子与基区中的空穴复合而消失，形成基极电流 I_B，由于基区很薄且掺杂浓度低，因而绝大多数电子都能扩散到集电结边缘，由于集电结反偏，这些电子迅速漂移过集电结，形成集电结电流 I_C。如图 1-16 所示。因此，$I_E = I_C + I_B$，这是三极管的电流分配关系，

且 $I_C >> I_B$。

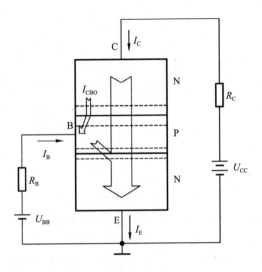

图 1-16　三极管的电流分配关系

（2）三极管的电流放大作用

当发射结正向偏置电压改变时，从发射区扩散到基区的载流子数也将随之改变，从而最终使集电极电流发生相应的变化。由于 I_B 很小的变化就能引起 I_C 较大的变化，这就是三极管的电流放大作用。通常用 I_C 与 I_B 的比值来表示三极管的电流放大能力，用 $\overline{\beta}$ 来表示，称为共发射极直流电流放大系数，其值一般在几十至几百之间，且 $\overline{\beta} = I_C / I_B$。若考虑到集电区和基区少数载流子漂移运动形成的集电结反向饱和电流 I_{CBO}，则 I_C 与 I_B 的关系为：

$$I_C = \overline{\beta} I_B + (1 + \overline{\beta}) I_{CBO} = \overline{\beta} I_B + I_{CEO}$$

式中的 I_{CEO} 称为穿透电流，它是基极开路时集电极和发射极之间的电流。

（3）三极管的特性曲线

三极管的各极电压与电流之间的关系曲线称为特性曲线，采用共射接法的三极管特性曲线称为共射特性曲线。

①共射输入特性曲线。三极管的共射输入特性曲线是指在一定集电极和发射极之间的电压 U_{CE} 下，三极管的基极电流 I_B 与基极电压 U_{BE} 之间的关系曲线。

由于发射结是一个正向偏置的 PN 结，因此输入特性曲线与二极管的正向伏安特性相似，也是非线性的。当 U_{CE} 由零开始逐渐增大时，输入特性曲线明显右移，当 U_{CE} 的数值增至较大时（如 $U_{CE} \geq 1V$），曲线右移不明显，且基本重合。由于在实际使用时，U_{CE} 一般总是大于 1V 的，因此通常只需画出 $U_{CE}=1V$ 时的输入特性曲线，如图 1-17 所示。

②共射输出特性曲线。三极管的共射输出特性曲线是指一定基极电流 I_B 下，三极管的集电极电流 I_C 与集电极电压 U_{CE} 之间的关系曲线。当固定一个 I_B 时，就可得到一条输出特性曲线；改变 I_B 值，就可得到一簇输出特性曲线。如图 1-18 所示，由图中任意一条曲线可以看出，曲线起始部分较陡且不同 I_B 的曲线上升部分几乎重合，这表明 U_{CE} 略有增大，I_C 就增加很快，I_C 几乎不受 I_B 的控制。当 $U_{CE} > 1$ V 后，曲线比较平坦，略有上翘，这表明 U_{CE} 较大时，I_C 受 I_B 的控制。

共射输出特性曲线可以分为 3 个区域：

A. 截止区。通常把 $I_B=0$ 时的输出特性曲线与横轴之间的区域称为截止区。截止区的特点是：发射结反偏或正向电压小于死区电压，集电结反偏。三极管处于截止状态时，$I_B=0$，$I_C=I_{CEO}\approx0$，E 极和 C 极之间近似看成开关断开。

B. 饱和区。临界饱和线（图 1-18 中虚线）和纵轴之间的区域称为饱和区，饱和区的特点是：发射结、集电结都正偏。当三极管处于饱和状态时，I_C 不随 I_B 的增大而变化，三极管失去电流的放大作用，且 U_{CE} 较小，称为饱和压降 U_{CES}，硅管的 U_{CES} 约为 0.3 V，锗管的 U_{CES} 约为 0.1 V，E 极和 C 极之间近似看成开关闭合。

C. 放大区。曲线平坦的部分为放大区。放大区的特点是：发射结正偏，集电结反偏。当三极管处于放大状态时，I_C 主要受 I_B 控制，$I_C = \bar{\beta} I_B$，与 U_{CE} 的大小基本无关，三极管具有电流放大作用。在模拟电子电路中，三极管主要工作在放大区。

图 1-17 三极管共射输入特性曲线

图 1-18 三极管共射输出特性曲线

七、可控硅的识别和检测技术

可控硅在自动控制、机电领域、工业电气及家电等方面都有广泛的应用。可控硅是一种有源开关元件，平时它保持在非导通状态，直到由一个较少的控制信号对其触发或称"点火"使其导通，一旦被点火就算撤离触发信号它也保持导通状态，要使其截止可在其阳极与阴极间加上反向电压或将流过可控硅的电流减少到某一个值以下。

1. 可控硅的结构与特性

不管可控硅的外形如何，它们的管芯都是由 P 型硅和 N 型硅组成的四层 P1N1P2N2 结构，如图 1–19 所示。它有三个 PN 结（J1、J2、J3），从 J1 结构的 P1 层引出阳极 A，从 N2 层引出阴级 K，从 P2 层引出控制极 G，所以它是一种四层三端的半导体器件。

可控硅可用两个不同极性的晶体管（PNP 和 NPN）来模拟，如图 1–20 所示。

图 1–19　可控硅结构示意和符号　　　　图 1–20　用两只晶体管模拟可控硅

可控硅的基本伏安特性如图 1–21 所示。

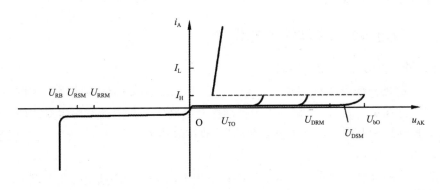

图 1–21　可控硅基本伏安特性

2. 用万用表检测可控硅

可控硅分单向可控硅和双向可控硅两种，都是三个电极。单向可控硅有阴极（K）、阳极（A）、控制极（G）。双向可控硅等效于两只单项可控硅反向并联而成。即其中一只单向硅阳极与另一只阴极相连，引出端称 T1 极；其中一只单向硅阴极与另一只阳极相连，其引出端称 T2 极，剩下则为控制极（G）。

（1）单、双向可控硅的判别

先任意测两个极，若正、反测指针均不动（$R \times 1\Omega$ 挡），可能是 A、K 或 G、A 极（对单向可控硅），也可能是 T_2、T_1 或 T_2、G 极（对双向可控硅）。若其中有一次测量指示为几十至几百欧，则必为单向可控硅。且红表笔所接为 K 极，黑表笔接的为 G 极，剩下即为 A 极。若正、反向测量均为几十至几百欧，则必为双向可控硅。再将旋钮拨至 $R \times 1$ 或 $R \times 10$ 挡复测，其中必有一次阻值稍大，则稍大的一次红表笔接的为 G 极，黑表笔所接为 T_1 极，余下是 T_2 极。

（2）性能的差别

将旋钮拨至 $R \times 1\Omega$ 挡，对于 1~6A 单向可控硅，红表笔接 K 极，黑表笔同时接通 G、A 极，在保持黑表笔不脱离 A 极的状态下断开 G 极，指针应指示几十欧至一百欧，此时可控硅已被触发，且触发电压低（或触发电流小）。然后瞬时断开 A 极再接通，指针应退回 ∞ 位置，则表明可控硅良好。

对于 1~6A 双向可控硅，红表笔接 T_1 极，黑表笔同时接 G、T_2 极，在保证黑表笔不脱离 T_2 极的前提下断开 G 极，指针应指示为几十至一百多欧（视可控硅电流大小、厂家不同而异）。然后将两表笔对调，重复上述步骤测一次，指针指示比上一次稍大十几至几十欧，则表明可控硅良好，且触发电压（或电流）小。若保持接通 A 极或 T_2 极时断开 G 极，指针立即退回 ∞ 位置，则说明可控硅触发电流太大或被损坏。

八、继电器的识别和检测技术

1. 继电器的工作原理和特性

继电器是一种电子控制器件，它具有控制系统（又称输入回路）和被控制系统（又称输出回路），通常应用于自动控制电路中。继电器实际上是用较小的电流去控制较大电流的一种"自动开关"，故在电路中起着自动调节、安全保护、转换电路等作用。

继电器的触点有"常开、常闭"两种：当继电器线圈未通电时处于断开状态的静触点，称为"常开触点"；处于接通状态的静触点称为"常闭触点"。

2. 继电器的主要技术参数

（1）额定工作电压

额定工作电压是指继电器正常工作时线圈所需要的电压。根据继电器的型号不同，可以是交流电压，也可以是直流电压。

（2）直流电阻

直流电阻是指继电器中线圈的直流电阻，可以通过万用表测量。

（3）吸合电流

吸合电流是指继电器能够产生吸合动作的最小电流。在正常使用时，给定的电流必须略大于吸合电流，这样继电器才能稳定工作。而对于线圈所加的工作电压，一般不要超过额定工作电压的 1.5 倍，否则会产生较大的电流而把线圈烧毁。

（4）释放电流

释放电流是指继电器产生释放动作的最大电流。当继电器吸合状态的电流减小到一定程度时，继电器就会恢复到未通电的释放状态。这时的电流远远小于吸合电流。

（5）触点切换电压和电流

触点切换电压和电流是指继电器触点允许加载的电压和电流。它决定了继电器能控制电压和电流的大小，使用时不能超过此值，否则很容易损坏继电器的触点。

3．继电器的测试

（1）测触点电阻

用万用表的电阻挡测量常闭触点与动点间的电阻，其阻值应为 0；而常开触点与动点的阻值就为∞。由此，可以区别出哪个是常闭触点，哪个是常开触点。

（2）测线圈电阻

用万用表 $R \times 10\,\Omega$ 挡测量继电器线圈的阻值，从而判断该线圈是否存在开路现象。

（3）测量吸合电压和吸合电流

找来可调稳压电源和电流表，给继电器输入一组电压，且在供电回路中串入电流表进行监测。慢慢调高电源电压，听到继电器吸合声时，记下该吸合电压和吸合电流。为求准确，可以试多几次而求平均值。

（4）测量释放电压和释放电流

也是像上述那样连接测试，当继电器发生吸合后，再逐渐降低供电电压，当听到继电器再次发生释放声音时，记下此时的电压和电流，亦可尝试多测几次取得平均释放电压和平均释放电流。一般情况下，继电器的释放电压为吸合电压的 10%~50%，如果释放电压太小（小于 1/10 的吸合电压），就不能正常使用了，这样会对电路的稳定性造成威胁，使其工作不可靠。

4．继电器的选用

（1）先了解必要的条件

①控制电路的电源电压，能提供的最大电流；②被控制电路中的电压和电流；③被控电路需要几组、什么形式的触点。在选用继电器时，一般控制电路的电源电压可作为选用的依据。控制电路应能给继电器提供足够的工作电流，否则继电器吸合是不稳定的。

（2）查阅有关资料

确定使用条件后，可查找相关资料，找出需要的继电器的型号和规格号。若手头已有继电器，可依据资料核对是否可以使用。最后考虑尺寸是否合适。

（3）注意继电器的安装体积

若用于一般电器，除考虑机箱容积外，小型继电器主要考虑电路板的安装布局。对于小型电器，如玩具、遥控装置，则应选用超小型继电器。

第二章　常用电子仪器仪表的使用

一、常用电子仪器仪表的介绍

常用的电子仪器仪表包括万用表、示波器、信号发生器、晶体管特性图示仪、红外测试仪、集成电路测试仪和 LCR 参数测试仪等。万用表是每个电气从业人员必须熟练掌握的电工仪表，可以测量电流（交流、直流）、电压（交流、直流）和电阻，派生功能有测量电平（分贝）、功率、电容、电感和晶体管的主要参数等。万用表的种类很多，外形各异，但基本结构和使用方法是相同的。示波器是一种测量电压波形的电子仪器，它可以把被测电压信号随时间变化的规律用图形显示出来。信号发生器（包括函数发生器）为检修、调试电子设备和仪器提供信号源。晶体管特性图示仪是一种专用示波器，它能直接观察各种晶体管特性曲线及曲性簇。这些电子仪器仪表在电子设备的检修、调试过程中具有重要的作用。

二、万用表的使用

万用表具有用途多、量程广、使用方便等优点，是电子产品在调试、检测、维修过程中最常用的工具。万用表的种类较多，主要有指针式和数字式两类，外形如图 2–1、图 2–2 所示。

图 2–1　指针式万用表

图 2–2　数字式万用表

万用表一般都具有测量电流（交流、直流）、电压（交流、直流）、电阻等基本功能，且大部分数字万用表还可以测量二极管的正向导通电压、三极管的电流放大倍数（hFE）、电容器的容量等参数。

1．电压的测量

将万用表的转换开关拨至电压挡上，测量交流电压时拨至交流挡，测量直流电压时拨至直流挡。

（1）调零（数字表不用调零）

测量时，万用表水平放置，当指针不在零刻度时，可以用起子轻轻调仪表的指针机械调零螺丝，使指针指在零刻度位置。

（2）选择量程

测量时要预先估算被测电压的数值，选择合适的量程。在未知电压的大小时先旋置最高挡位，再作调整，否则会损坏仪表。

（3）表笔连接

测量时要把电压表并联到被测量的元件或被测电路的两端，红表笔接在被测电路的高电位端，黑表笔接在被测电路的低电位端。

（4）读数

如为模拟表，则根据仪表指针最后停留的位置，按指示刻度读出相对应的电压值，读数时要注意，眼、指针和镜影针三点为一线时，读数产生的误差最小。如为数字表，则直接进行读数，但要注意挡位的单位。

2．电流的测量

将万用表的转换开关拨至电流挡，根据被测电流的大小选择合适的量程，如果不知被测电流的大小，量程应先选择最高挡。万用表的红黑表笔要串联到被测电路中，电流应该从红表笔流入，从黑表笔流出。当指针反向偏转时，应将两表笔交换位置，再读取数值，被测电流的正负由电流的参考方向与实际方向是否一致来决定，具体步骤同电压的测量。

3．电阻的测量

测量电阻时，指针表欧姆挡需要有电源才能使用，其内部一般有两块电池，一块电池为低电压 1.5V，另一块电池为高电压 9V 或 15V，对外而言，其黑表笔相对红表笔来说是正端。在电阻低挡位，指针表的表笔输出电流相对数字表来说要大很多，用 $R×1Ω$ 挡可以使扬声器发出响亮的"哒"声，用 $R×10kΩ$ 挡甚至可以点亮发光二极管（LED）。模拟表测电阻时的步骤如下所述。

①在测量电阻之前，应首先把红、黑表笔短接，调节指针到欧姆标尺的零位上，如果将两只表笔短接后指针仍调整不到欧姆标尺的零位，则说明应更换

万用表内部的电池；每次换挡后，应再次调整欧姆挡零位调整旋钮，然后再测量。长期不用万用表时，应将电池取出，以防止电池受腐蚀而影响表内其他元件。

②电阻挡的每一个量程都可以测量 0 ～∞的电阻值。欧姆表的标尺刻度是非线性、不均匀的倒刻度，是用标尺弧长的百分数来表示的。选择不同的电阻量程，测量产生的误差将相差很大。因此，在选择挡位量程时，要尽量使被测电阻值处于量程标尺弧长的中心部位，即全刻度起始的 20% ～ 80% 弧度范围。这样，测量精度会高一些。

③测量某电阻时，一定要使被测电阻不与其他电路有任何接触，也不要用手接触表笔的导电部分，以免影响测量结果。

数字万用表则常用一块 6V 或 9V 的电池，对外而言，其红表笔相对黑表笔来说是正端。数字万用表在测试时若显示为"1"，则表示量程选得太小，应调大量程，直至有读数显示。

4. 万用表使用的注意事项

使用万用表时应注意以下几点。

①在使用指针式万用表之前，应先进行"机械调零"，即在没有被测电量时，使万用表指针指在零电压或零电流的位置上。

②在使用万用表的过程中，不能用手去接触表笔的金属部分，这样一方面可以保证测量的准确性，另一方面也可以保证使用者的人身安全。

③在测量某一电量时，不能在测量的同时换挡，尤其是在测量高电压或大电流时更应注意。否则，会使万用表毁坏。如需换挡，应先断开表笔，换挡后再去测量。

④万用表在使用时，必须水平放置，以免产生误差。同时，还要注意避免外界磁场对万用表的影响。

⑤使用完毕后，指针式万用表应将转换开关置于交流电压的最大挡，数字万用表应切断电源。如果长期不使用，还应将万用表内部的电池取出，以免电池腐蚀表内其他器件。

三、示波器的使用

示波器是一种用途十分广泛的电子测量仪器，它能把肉眼看不见的电信号变换成看得见的图像，便于人们研究各种电现象的变化过程，其外形如图 2-3 所示。示波器利用高速电子束，打在涂有荧光物质的屏面上产生细小的光点。在被测信号的作用下，电子束就好像一支笔的笔尖，可以在屏面上描绘出被测信号瞬时值的变化曲线。利用示波器能观察各种不同信号的幅度随时间变化的波形曲线，还可以测试各种不同的电参数，如电压、电流、频率、相位差、调幅等。

图 2-3 模拟示波器

1. 示波器的基本结构

普通示波器有 5 个基本组成部分：显示电路、垂直（Y 轴）放大电路、水平（X 轴）放大电路、扫描与同步电路、电源供给电路。其基本组成如图 2-4 所示。

图 2-4 示波器的基本组成

（1）显示电路

显示电路包括示波管及其控制电路两个部分。示波管的内部结构如图 2-5 所示。由图可见，示波管由电子枪、偏转系统和荧光屏 3 个部分组成。电子枪用于产生并形成高速、聚束的电子流，去轰击荧光屏使之发光。偏转系统大都是静电偏转式，它由水平偏转板和垂直偏转板组成，分别控制电子束在水平方向和垂直方向的运动。荧光屏内壁涂有一层发光物质，受到高速电子冲击的位置就会显现出荧光。因此，在使用示波器时，不宜让很亮的光点固定出现在示波管荧光屏一个位置上，否则该点的荧光物质将因长期受电子冲击而被烧坏，从而失去发光能力。

图 2-5　示波管内部结构示意

（2）垂直（Y 轴）放大电路

由于示波管垂直方向的偏转灵敏度很低，所以一般的被测信号电压都要先经过垂直放大电路的放大，再加到示波管的垂直偏转板上，以得到垂直方向大小适当的图形。

（3）水平（X 轴）放大电路

由于示波管水平方向的偏转灵敏度也很低，所以接入示波管水平偏转板的电压（锯齿波电压或其他电压）也要先经过水平放大电路的放大以后，再加到示波管的水平偏转板上，以得到水平方向大小适当的图形。

（4）扫描与同步电路

扫描电路产生一个锯齿波电压，其频率能在一定范围内连续可调。锯齿波电压的作用是使示波管阴极发出的电子束在荧光屏上形成周期性的、与时间成正比的水平位移，即形成时间基线。这样，才能把加在垂直方向的被测信号按时间的变化将波形同步展现在荧光屏上。

（5）电源供给电路

电源供给电路供给垂直与水平放大电路、扫描与同步电路及示波管与控制电路所需的负高压、灯丝电压等。

2．双踪示波器的基本组成

图 2-6 是双踪示波器的原理功能框图。由图可见，它主要是由两个通道的 Y 轴前置放大电路、门控电路、电子开关、混合电路、延迟电路、Y 轴后置放大电路、触发电路、扫描电路、X 轴放大电路、Z 轴放大电路、校准信号电路、示波管和高低压电源供给电路等组成。

图 2-6　双踪示波器的原理功能

3. 示波器的面板功能与使用方法

示波器有许多种类，但其面板结构与使用方法基本是相同的。下面以 CA8022 型示波器为例进行介绍。

CA8022 型示波器为便携式双通道示波器。本机垂直系统具有 0 ～ 20MHz 的频带宽度和 5mV/DIV ～ 5V/DIV 的偏转灵敏度，配以 10 : 1 探极，灵敏度可达 50V/DIV。本机在全频带范围内可获得稳定触发，触发方式设有常态、自动、TV 和峰值自动。内触发设置了交替触发，可以稳定地显示两个频率不相关的信号。本机水平系统具有 0.1s/DIV ～ 0.1ms/DIV 的扫描速度，并设有扩展 ×10，可将最快扫描速度提高到 10ns/DIV。

示波器的使用主要是通过掌握示波器面板上各开关与旋钮等控制件的功能来实现的。示波器的面板功能通常可分为 3 大部分：显示、垂直（Y 轴）、水平（X 轴）。现分别介绍这 3 个部分控制装置的作用。

（1）显示部分主要控制件

①辉度：调整光点亮度。

②辅助聚焦：配合"聚焦"旋钮调节光迹的清晰度。

③聚焦：调整光点或波形清晰度。

④迹线旋转：调节光迹与水平刻度线平行。

⑤标准信号输出（校正信号）：提供幅度为 0.5V、频率为 1kHz 的方波信号，用于校正 10 : 1 探极的补偿电容器和检测示波器垂直与水平的偏转因数。

⑥电源指示灯：电源接通时灯亮。

⑦电源开关：通断示波器电源。

（2）Y 轴插件部分主要控制件

① CH1 移位 /PULL，CH1–X，CH2–Y：调节通道 1 光迹在屏幕上的垂直位置，拉出时用作 X–Y 显示。

② CH2 移位 /PULL，INVERT：调节通道 2 光迹在屏幕上的垂直位置，在 ADD 方式时使 CH1+CH2 或 CH1–CH2（拉出状态，CH2 倒相显示）。

③显示方式选择开关：用以转换两个 Y 轴前置放大器 YA 与 YB 工作状态的控制件，具有 5 种不同作用的显示方式：

A. CH1 或 CH2：显示方式开关置于"CH1"或者"CH2"时，表示示波器处于单通道工作，此时示波器的工作方式相当于单踪示波器，即只能单独显示"CH1"或"CH2"通道的信号波形。

B. ALT：两个通道交替显示。电子开关受扫描信号控制转换，每次扫描都轮流接通 CH1 或 CH2 信号。被测信号的频率越高，扫描信号频率也越高，电子开关转换速率就越快，不会有闪烁现象。这种工作状态适用于观察两个工作频率较高的信号。

C. CHOP：两个通道断续显示。电子开关不受扫描信号控制，产生频率固定为 200kHz 的方波信号，使电子开关快速交替接通 Y_A 和 Y_B。由于开关动作频率高于被测信号频率，因此屏幕上显示的两个通道信号波形是断续的。当被测信号频率较高时，断续现象十分明显，甚至无法观测；当被测信号频率较低时，断续现象被掩盖。因此，这种工作状态适合于观察两个工作频率较低的信号。

D. ADD：示波器将显示出两路信号叠加的波形（代数和或差，取决于 CH2 是否拉出）。

④ CH1 垂直衰减器：CH1 通道垂直偏转灵敏度粗调装置。

⑤ CH2 垂直衰减器：同 CH1 垂直衰减器。

⑥ CH1 垂直衰减微调：用于连续调节 CH1 通道垂直偏转灵敏度。连续调节"微调"电位器，可实现各挡级之间的灵敏度覆盖，在作定量测量时，此旋钮应置于顺时针满度的"校准"位置，此时可根据粗调旋钮的示值（V/DIV）和波形在垂直轴方向上的格数读出被测信号的幅值。

⑦ CH2 垂直衰减微调：同 CH1 垂直衰减微调。

⑧ CH1 耦合方式：用于选择被测信号输入垂直通道的耦合方式（AC-DC-GND）。

A. 直流（DC）耦合：适用于观察包含直流成分的被测信号，如信号的逻辑电平和静态信号的直流电平。

B. 交流（AC）耦合：信号中的直流分量被隔断，用于观察信号的交流分量，如观察较高直流电平上的小信号。

C. 接地（GND）：通道输入端接地（输入信号断开），用于确定输入为零时光迹所处位置。

⑨ CH2 耦合方式：用于选择被测信号输入垂直通道的耦合方式（AC-DC-GND）。

⑩ CH1：被测信号的输入插座。

⑪ CH2：被测信号的输入插座。

⑫接地：接地端。

（3）X轴插件部分主要控件

①外触发输入：在使用外触发时，作为连接外触发信号的插座，也可以作为X轴放大器外接时的信号输入插座。

②内触发源选择：用于选择 CH1、CH2 或交替触发。

③触发源选择：用于选择触发源为 INT（内）、EXT（外）或 LINE（电源）。

④触发极性开关：用于选择触发信号的上升部分或下降部分对扫描电路进行触发。

⑤触发电平旋钮：用于选择输入信号波形的触发点。具体地说，就是调节被测信号在某一电平触发扫描，决定扫描在触发信号波形的哪一点上被触发。顺时针方向旋动时，触发点趋向信号波形的正向部分；逆时针方向旋动时，触发点趋向信号波形的负向部分。

⑥扫描速率微调旋钮：当该开关"微调"电位器顺时针方向旋转到底时，即为"校准"位置，此时"T/DIV"的指示值即为扫描速度的实际值。

⑦扫描速率"T/DIV"：扫描速度选择开关，用于调节扫描速度（粗调）。

⑧触发方式开关：用以选择不同的触发方式，以适应不同的被测信号与测试目的。

A. 常态（NORM）：采用来自 Y 轴或外接触发源的输入信号进行触发扫描，是常用的触发扫描方式。无信号时，屏幕上无显示；有信号时，与电平控制配合显示稳定波形。

B. 自动（AUTO）：扫描处于自动状态，不必调整电平旋钮，也能观察到波形，操作方便，有利于观察较低频率的信号。无信号时，屏幕上显示光迹；有信号时，与电平控制配合显示稳定波形。

C. 电视场（TV）：用于显示电视场信号。

D. 峰值自动（P-P AUTO）：无信号时，屏幕上显示光迹；有信号时，无须调节电平即能获得稳定波形，显示一般选用"常态"和"自动"两种方式。

⑨触发指示：在触发扫描时，指示灯亮。

⑩水平移位（PULL×10）：在 X 轴位置调节旋钮，调节迹线在屏幕上的水平位置，拉出时扫描速度被扩展 10 倍。

"扫描速率"开关外旋钮为粗调，微调旋钮按顺时针方向旋足至校正位置时，可根据粗调旋钮的示值（T/DIV）和波形在水平轴方向上的格数读出被测信号的时间参数。当需要观察波形某一个细节时，可进行水平扩展 ×10，此时原波形在水平轴方向上被扩展 10 倍。

在示波器的使用中，除了要熟悉上述示波器的面板控制件的功能与作用，在初次使用前或久藏复用时，还要对示波器进行一次能否工作的简单检查和进行扫描电路稳定度、垂直放大电路直流平衡的调整。

将示波器接通电源，电源指示灯亮，稍预热后，屏幕上出现扫描光迹，分别调节亮度、聚焦、辅助聚焦、迹线旋转、垂直、水平移位等控制件，使光迹清晰并与水平刻度平行。

示波器在进行电压和时间的定量测试时，还必须进行垂直放大电路增益和水平扫描速度的校准。其方法是将示波器的输入探头直接测量示波器输出的标准信号，将所测信号波形的幅度和周期数值，与标准信号的幅度和周期数值进行比照和调校即可。

四、函数信号发生器的使用

函数信号发生器用于产生各种频率可调的正弦波、方波、三角波、锯齿波、正负脉冲信号，以及调频、调幅信号，其输出信号的幅度也可连续调节。许多电参数的测量都需要用到函数信号发生器作为信号源，其外形如图 2-7 所示。

图 2-7　函数信号发生器

1. 函数信号发生器的基本组成

函数信号发生器的基本组成如图 2-8 所示。它主要由正电流源、负电流源、电流开关、时基电容、方波形成电路、正弦波形成电路、放大电路等部分组成。

图 2-8　函数信号发生器组成

函数信号发生器的工作原理是：正、负电流源由电流开关控制，对时基电容 C 进行恒流充电和恒流放电。当电容恒流充电时，电容两端的电压随时间线性增长。当电容恒流放电时，其两端电压随时间线性下降。因此，可在电容两端得到三角波电压。三角波电压再经方波形成电路得到方波，经正弦波形成电路转变为正弦波，最后经放大电路放大后输出。

2. 函数信号发生器的面板结构及功能

现以 YB1638 型函数信号发生器为例进行介绍，该函数信号发生器的面板如图 2-9 所示。

图 2-9　YB1638 型函数发生器的面板结构

各部分功能说明如表 2-1 所示。

表 2-1　YB1638 型函数发生器的面板功能

序号	控制件名称	功能说明
①	电源开关	接通或开关电源
②	频率调节旋钮	改变输出信号的频率
③	LED 显示屏	显示信号频率，以 kHz 为单位
④	占空比控制开关	按下此键，占空比或对称度选择开关方起作用
⑤	占空比 / 对称度选择开关	选择占空比或对称度。该键未按，则为占空比调节状态；按下，则为对称度调节状态
⑥	占空比 / 对称度调节旋钮	调节占空比 / 对称度
⑦	波形反相开关	输出信号波形相反
⑧	频率范围选择开关	设定需要产生的输出信号频率
⑨	波形方式选择开关	设定需要的信号波形
⑩	电压输出衰减开关	单独按下 20dB 或 40dB 键，输出信号较前衰减 20dB 或 40dB；两键都按下则衰减 60dB
⑪	电平控制开关	此键按下，指示灯亮，电平调节旋钮方起作用
⑫	电平调节旋钮	改变输出信号的直流电平
⑬	输出幅度调节旋钮	改变输出电压大小
⑭	电压输出插座	输出仪器产生的信号电压
⑮	TTL 方波输出插座	专门为 TTL 电路提供的具有逻辑高（3V）、低（0V）电平的方波输出插座
⑯	外接调频电压输入插座	调频电压的幅度范围为 0 ~ 10V
⑰	外测信号输入插座	输入需要测量频率的外部信号，可以测量的最高频率为 10MHz
⑱	频率测量内 / 外开关	未按（常态）时，显示屏上显示本仪器输出信号的频率；按下时，显示屏上显示外测信号的频率

五、 交流毫伏表的使用

交流毫伏表属于电子电压表，外形如图 2-10 所示，用于正弦波交流信号的有效值电压测量。与普通交流电压表相比，交流毫伏表具有频率响应范围宽、分辨率高、输入阻抗大等优点。

图 2-10 交流毫伏表

1. 交流毫伏表的结构与功能

交流毫伏表由输入保护电路、前置放大器、衰减控制器、放大器、表头指示放大电路、整流器、监视输出及电源组成。输入保护电路用来保护该电路的场效应管。衰减控制器用来控制各挡衰减的接通，使仪器在整个量程内均能高精度地工作。整流器是将放大了的交流信号进行整流，整流后的直流电流再送到表头。监视输出功能主要是来检测仪器本身的技术指标是否符合出厂时的要求，同时可作放大器使用。

常用的单通道交流毫伏表具有测量交流电压、电平测试、监视输出三大功能。NW2172 型低频交流毫伏表的交流测量范围是 100μV ～ 300V、5Hz ～ 2MHz，共分 1mV、3mV、10mV、30mV、100mV、300mV 和 1V、3V、10V、30V、100V、300V12 挡；电平 dB 的刻度范围是-60 ～ +50dB。

2. 交流毫伏表的使用方法

（1）开机前的准备工作

①将通道输入端测试探头上的红、黑色鳄鱼夹短接。

②将量程开关调至最高量程（300V）。

（2）交流毫伏表使用的操作步骤

①接通 220V 电源，按下电源开关，电源指示灯亮，仪器立刻工作。为了保证仪器的稳定性，需在预热 10s 后使用，开机后 10s 内指针无规则摆动属

正常。

②将输入测试探头上的红、黑鳄鱼夹断开后与被测电路并联（红鳄鱼夹接被测电路的正端，黑鳄鱼夹接地端），观察表头指针在刻度盘上所指的位置，量程从高向低变换，直到表头指针指到满刻度的 2/3 左右即可。

③准确读数。表头刻度盘上共刻有四条刻度。第一条刻度和第二条刻度为测量交流电压有效值的专用刻度，第三条刻度和第四条刻度为测量分贝值的刻度。当量程开关分别选 1mV、10mV、100mV、1V、10V、100V 挡时，就从第一条刻度读数；当量程开关分别选 3mV、30mV、300mV、3V、30V、300V 挡时，应从第二条刻度读数（逢 1 就从第一条刻度读数，逢 3 从第二条刻度读数）。例如，将量程开关置"1V"挡，就从第一条刻度读数。若指针指的数字是在第一条刻度的"0.7"处，其实际测量值为 0.7V；若量程开关置"3V"挡，就从第二条刻度读数。若指针指在第二条刻度的"2"处，其实际测量值为 2V。

当用该仪表去测量外电路中的电平值时，就从第三、第四条刻度读数，读数方法是，量程数加上指针指示值等于实际测量值。

3．交流毫伏表的使用注意事项

使用交流毫伏表时应注意以下几点。

①仪器在通电之前，一定要将输入电缆的红、黑鳄鱼夹相互短接。交流毫伏表灵敏度较高，打开电源后，在较低量程时由于干扰信号（感应信号）的作用，指针会发生偏转，这称为自起现象。所以，在不测试信号时应将量程旋钮旋到较高量程挡，以防打弯指针。

②测量前应短路调零。打开电源开关，将测试线（也称开路电缆）的红、黑鳄鱼夹夹在一起，将量程旋钮旋到 1mV 量程，指针应指在零位（有的毫伏表可通过面板上的调零电位器进行调零，凡面板无调零电位器的，内部设置的调零电位器已调好）。若指针不指在零位，应检查测试线是否断路或接触不良，若测试线有问题应更换测试线。

③当不知被测电路中的电压值大小时，必须先将毫伏表的量程开关旋至最高量程，然后根据表针所指的范围，采用递减法合理选挡。

④若要测量高电压，输入端的黑色鳄鱼夹必须接在"地"端。

⑤交流毫伏表接入被测电路时，其地端（黑色鳄鱼夹）应始终接在电路的公共接地端，以防干扰。

⑥交流毫伏表只能用来测量正弦交流信号的有效值，若测量非正弦交流信号则要经过换算才能得到其有效值。

⑦注意：不可用万用表的交流电压挡代替交流毫伏表测量交流电压（模拟万

用表的内阻较低，只适用于测量 50Hz 左右的工频电压，数字万用表的内阻较高，可达 10MΩ，但只适用于测试频率在 400Hz 以下的交流信号）。

六、 直流稳压电源的使用

直流稳压电源可为电路提供工作电源，它不但有较完善的保护电路，而且有直观的电流、电压显示，其外形图如图 2-11 所示。

图 2-11　直流稳压电源

下面以 CA1713 型为例介绍直流稳压电源的使用方法，该机面板结构如图 2-12 所示。它的技术参数为：双路可调 DC（0 ～ 32V、3A）；一路固定 DC（5V、2A）；具有稳流稳压功能且能自动转换，可串联、并联使用，双路电压，电流四组同时显示，具有过载短路保护功能。其具体性能指标如表 2-2 所示，面板功能如表 2-3 所示。

图 2-12　CA1713 直流稳压电源的面板结构

表 2-2　CA1713 直流稳压电源性能指标

特点	(1) 双路电流、电压同时显示（数显）
	(2) 具有跟踪功能
	(3) 三路输出
技术指标	(1) 左路：0～32V，0～3A
	(2) 右路：0～32V，0～3A
	(3) 固定输出：5V，2A。纹波及噪声：小于 3mA
	(4) 输出调节分辨率：电压 20mV，电流 50mA（典型值）
	(5) 纹波及噪声：小于或等于 1mVrms，1mArms
	(6) 跟踪误差：$5 \times 10^{-3} + 2\text{mV}$
	(7) 负载效应：电压 $5 \times 10^{-4} + 1\text{mV}$，电流 20mA
	(8) 相互效应：电压 $5 \times 10^{-5} + 1\text{mV}$，电流小于 0.5mA
	(9) 体积：310mm×260mm×150mm
	(10) 重量：约 10kg
	(11) 温度范围：0～40℃
	(12) 电源：～220V（10%），50Hz（4%）
	(13) 冷却方式：自然通风冷却
	(14) 可靠性：MTBF（e）大小等于 2000 小时

表 2-3　CA1713 直流稳压电源的面板功能

序　号	功　能
①	电源开关：按入为开，弹出为关
②	左路输出：0～32V，0～3A
③	右路输出：0～32V，0～3A
④	固定输出：5V，0～2A
⑤	左路电压调节
⑥	左路电流调节
⑦	跟踪方式：按入为跟踪，弹出为独立
⑧	右路电流调节
⑨	右路电压调节
⑩	左路电压显示
⑪	左路电流显示
⑫	右路电流显示
⑬	右路电压显示

七、　晶体管特性图示仪的使用

晶体管特性图示仪是利用电子扫描原理，在示波管的荧光屏上直接显示半导体器件特性的仪器。它可以直接观测器件的静态特性曲线和参数；可以迅速比较两个同类晶体管的特性，以便于挑选配对；可以用来测试场效应晶体管及光电耦合器件的特性与参数。实物外形如图 2-13 所示。

图 2-13　晶体管特性图示仪的外形

1. 晶体管特性图示仪的组成

晶体管特性图示仪主要是由阶梯波信号源、集电极扫描电压发生器、工作于 X—Y 方式的示波器、测试转换开关及附属电路等组成，结构如图 2-14 所示。其中，阶梯波信号源为被测晶体管提供偏置电压或偏置电流；集电极扫描电压发生器用于供给所需的集电极扫描电压；示波器用于显示晶体管特性曲线；开关及附属电路的作用是测试晶体管与参数，实现电路的转换。

图 2-14　晶体管特性图示仪的结构

2. 晶体管特性图示仪的测试原理

（1）测量晶体三极管的输出特性

晶体三极管的输出特性曲线反映的是在一定的 I_B 下的 I_C 与 U_{CE} 之间的关系。以测量 NPN 型管的输出特性为例，将晶体管特性图示仪结构框图中的 S_5 接通 "+"，使被测三极管的 C 极获得正极性的集电极扫描电压，将 S_1 接通 "+"，使被测三极管的 B 极接上一个阶梯波信号发生器，获得阶梯波基极电流，将 S_2 接中间位置，S_3 接 U_{CE}，S_4 接 I_C 位置，S_6 接测量位置，S_7 接测量位置，得到如图 2–15 所示的三极管输出特性测量电路，也称为动态测量电路。

图 2–15 晶体管图示仪的等效电路

阶梯波电压加入基极回路，通过 R_B 形成基极阶梯电流 I_B。集电极扫描电压的变化使 U_{CE} 可以自动从零增至最大值，然后又降至零；阶梯波基极电流与集电极扫描电压都是由 50Hz 交流电得来的，可以实现集电极扫描电压与阶梯波基极电流保持同步。如图 2–16 所示，阶梯波电压每一级的时间正好与集电极扫描电压变化一次相同，这样在晶体管图示仪的屏幕上就可得到所需要的输出特性曲线。

图 2–16 输出特性曲线的形成

（2）测量晶体三极管的输入特性

晶体三极管的输入特性体现在基极电流 I_B 与电压 U_{BE} 之间的关系上。基极和发射极之间相当于一个正向偏置的二极管，所以其伏安特性也与二极管相似，当集电极与发射极之间的电压 U_{CE} 变化时，曲线的左右位置也不相同。根据三极管的输入特性，测量时 U_{BE} 用扫描电压，U_{CE} 用阶梯波电压，示波器的 X 轴作为 U_{BE} 轴，Y 轴作为 I_B 轴，此时荧光屏上可显示三极管的两三根输入特性曲线。

在实际测量时，仍采用全波整流电压作为集电极扫描电压，而用阶梯波提供基极电流。将晶体管特性图示仪结构框图（图 2–14）中的 S_1 接 "+"（NPN 型管），S_2 接中间位置，S_3 接 U_{BE}，S_4 接 I_B，S_5 接 "+"（NPN 型管），S_6 接测量，S_7 接测量，取 U_{CE} 为扫描电压，U_{BE} 用作阶梯波电压。测试时，一般只显示曲线即可。在实际测量中，取样电阻 R_B 两端得到的电压（正比于 I_B，即 I_B 的取样电压）加到示波器的 Y 轴输入端；U_{BE} 加至 X 轴输入端（示波器内 X 放大器需反相一次），集电极回路加全波整流电压。当 $U_{CE} = 0V$，屏幕上的光点在 U_x 和 U_y 的作用下产生跳跃移动，即从 0—1—2—3…8，各点连接起来即构成如图 2–17（a）所示的输入特性曲线。当 U_{CE} 的峰值为 U_m 时，在 U_x、U_y 阶梯变化的同时，集电极扫描电压 U_{CE} 由 0—U_m—0 变化，如图 2–17（b）使亮点在各级水平方向往返移动，例如：在 1 点，亮点沿 1～1′ 运动，接着随 U_y 跳到 2 点，继续下去，得到图中的图形。左侧一条由断续亮点连接起来的曲线 0～8 是 U_{CE}=0 时的输入特性曲线，右侧一条由断续亮点所形成的曲线 0′～8′ 是 $U_{CE} = U_m$（如 2V）时的输入特性曲线。

（a）　　　　　　　　　　　　　（b）

图 2–17　三极管输入特性曲线

3．晶体管特性曲线的测量方法

现以 XJ4810 晶体管图示仪为例介绍其测量方法，其面板结构如图 2–18 所示。

（1）电源及示波管显示部分

XJ4810 晶体管图示仪的电源及示波管显示部分，在图 2–18 所示面板的左上部，其中有电源开关，示波管的亮度、聚焦等控制旋钮，测试之前应将亮度与聚焦调整到合适状态。

图2-18 XJ4810晶体管图示仪的面板结构

（2）*X*轴部分

*X*轴部分在如图2-18所示面板的右上部。

①"电压/度"旋钮。"电压/度"旋钮是四种偏转作用的开关：当旋钮置于集电极电压 U_{CE} 位置时，可使屏幕 *X* 轴代表集电极电压量程旋钮；当旋钮置于基极电压 U_{BE} 位置时，可使屏幕 *X* 轴代表基极电流或电压量程旋钮；当旋钮置于"外接"时，*X* 轴系统处于外接收状态，输入灵敏度为 0.05V/div。外输入端位于仪器左侧面。

②"增益"电位器。调节 *X* 轴增益。

③"位移"旋钮。调节示波器显示曲线的水平位置。

（3）*Y*轴部分

*Y*轴部分在如图2-18所示面板的中上部。

①"电流/度"旋钮。"电流/度"旋钮是测量二极管反向漏电流 I_R 及三极管集电极电流 I_C 的量程旋钮。当旋钮置于阶梯信号（该挡称为基极电流或基极源电压）位置时，可使屏幕 *Y* 轴代表基极电流或电压。当旋钮置于"外接"时，*Y* 轴系统处于外接收状态，外输入端位于仪器左侧面。

②"增益"电位器。调节 *Y* 轴增益。

③"位移"旋钮。可调节示波器显示曲线的垂直位置。

（4）显示部分

显示部分在如图2-18所示面板的 *X* 轴与 *Y* 轴之间的下部。

①"变换"选择开关。用来同时变换集电极电源和阶梯信号的极性，以简化

NPN 型管与 PNP 管转测时的操作。

②"⊥"按键开关。可使 X、Y 放大器的输入端同时接地，以便确定零基准点。

③"校准"按键开关。用来校准 X 轴和 Y 轴的放大器增益。当开关按下时，在荧光屏有刻度的范围内，亮点应自左下角准确地跳至右上角，否则，应调节 X 轴或 Y 轴的增益电位器来校准，以便达到校正 10div 的目的。

（5）集电极电源

集电极电源部分在如图 2–18 所示面板的左下部。

①"峰值电压范围"选择开关。用来选择集电极电源的最大值。在测量半导体特性的过程中，当电压由低挡换向高挡时，必须先将"峰值电压%"旋钮旋至 0，换挡后再按需要的电压逐渐增加，否则易击穿被测晶体管或烧毁保险丝。AC 挡能使集电极电源变为双向扫描，使屏幕同时显示出被测二极管的正、反方向特性曲线。

②"峰值电压%"旋钮。调节该旋钮，可使集电极电源在确定的峰值电压范围内连续变化。例如，选择"100V 的峰值电压范围"，调节"峰值电压%"旋钮，可使集电极电源在 0~100V 连续变化。面板上的标称值作近似值使用，精确读数应由 X 轴偏转灵敏度读测。

③"+，−"极性选择开关。按下此选择开关，集电极电源的极性为负，弹起时为正。

④"电容平衡""辅助电容平衡"旋钮。为了尽量减小电容性电流，在测试之前，应调节"电容平衡"旋钮。辅助电容平衡是针对集电极变压器次级绕组对地电容的不对称，而再次进行电容平衡调节而言的。当 Y 轴为较高电流灵敏度时，调节"电容平衡"和"辅助电容平衡"两旋钮，使仪器内部容性电流最小，在荧光屏上的水平线基本重叠为 1 条。一般情况下无须调节。

⑤"功耗限制电阻"旋钮。"功耗限制电阻"旋钮用来改变集电极回路电阻的大小。测量被测管的正向特性，应置于低电阻挡；测量其反向特性则应置于高阻挡。

（6）阶梯信号

阶梯信号在如图 2–18 所示面板的右下部。

①"电压 – 电流 / 极"旋钮。即阶梯信号选择旋钮，用于确定每级阶梯的电压值或电流值。

②"串联电阻"开关。用于改变阶梯信号与被测管输入端之间所串接的电阻大小，但只有当"电压 – 电流 / 级"旋钮置于电压挡时，本开关才起作用。

③"级/簇"旋钮。用于调节阶梯信号一个周期的级数，可在1~10级间连续调节。

④"调零"旋钮。用于调节阶梯信号起始级电平，正常时该级为零电平。

⑤"+，-"极性选择开关。用于确定阶梯信号的极性。

⑥"重复-关"按键开关。当"重复-关"按键开关弹起时，阶梯信号重复出现，用作正常测试；当开关按下时，阶梯信号处于待触发状态。

⑦"单簇按"开关。"单簇按"开关与"重复-关"按键开关配合使用。当阶梯信号处于调节好的待触发状态时，按下该开关，指示灯亮，阶梯信号出现一次，然后回至待触发状态。

（7）测试台部分

测试台的面板如图2-19所示，该测试台直接由插头插在如图2-18所示面板的右边最下方的3个插孔中。

①"左""右"选择开关。"左"选择开关按下时，接通左边的被测管；"右"选择开关按下时，接通右边的被测管。

②"二簇"选择开关。"二簇"选择开关按下时，图示仪自动交替接通左、右两只被测管，可同时观测到两管的特性曲线，以便对它们进行比较。

③"零电压""零电流"开关。"零电压""零电流"开关按下时，分别将被测管的基极接地、基极开路，后者用于测量 I_{CEO} 等参量。

图2-19　XJ4810晶体管特性图示仪的测试台面板

4．注意事项

（1）使用时要正确选择阶梯信号

在测量三极管的输出特性时，阶梯电流不能太小，否则，不能显示出三极管的输出特性。阶梯电流更不能过大，这样容易损坏三极管。应根据实际测量三极管的参数来确定其大小。

（2）"集电极功耗电阻"的选用

当测量晶体管的正向特性时，选用低阻挡；当测量反向特性时，选用高阻挡。集电极功耗电阻过小时，集电极电流就过大；若集电极功耗电阻过大，则达不到应有的功耗。

（3）"峰值电压范围"的选用

在测量过程中，当峰值电压由低的电压范围转换到高的电压范围时，一定注意先将"峰值电压 %"旋钮调至 0，以防损坏晶体管。

（4）阶梯信号的"重复"与"单簇"方式的选用

在测试大功率晶体管和极限参数、过载参数时，应采用"单簇"阶梯信号，以防过载而损坏晶体管。

（5）MOS 型场效应管的测试注意事项

在测试 MOS 型场效应管时，一定注意不要悬空栅极，以免因栅极感应电压而击穿场效应管。

（6）测试完毕后应该特别注意的问题

测试完毕，应将"峰值电压范围"置于（0~10V）挡，"峰值电压调节"调至 0 位，"阶梯信号选择"开关置于"关"位置，"功耗电阻"置于最大位置。

5. 测试举例

（1）稳压二极管 2CW19 的稳压特性曲线测试

面板旋钮的位置：

"峰值电压范围"：AC，0~10V；

"峰值电压"：适当；

"功耗电阻"：5kΩ；

X 轴：集电极电压 5V/div；

Y 轴：集电极电流 1mA/div；

阶梯信号："重复－关"按钮置于"关"。

测试图如图 2-20 所示。

图 2-20　稳压二极管连接及显示图形

（2）硅整流二极管 2CZ82C 的特性曲线测试

面板旋钮的位置：

"峰值电压范围"：0~10V；

"峰值电压"：适当；

"极性"：正（+）；

"功耗电阻"：250Ω；

X 轴：集电极电压，0.1V/div；

Y 轴：集电极电流，10mA/div；

阶梯信号："重复－关"按钮置于"关"。

测试图如图 2-21 所示

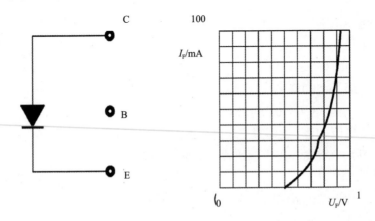

图 2-21　硅整流二极管连接及正向特性显示图形

（3）NPN 型 3DK2 晶体三极管的输出特性测试

面板旋钮的位置：

"峰值电压范围"：0~10V；

"峰值电压"：适当；

"极性"：正（+）；

"功耗电阻"：250Ω；

X 轴：集电极电压，1V/div；

Y 轴：集电极电流，1mA/div；

阶梯信号："重复－关"按钮置于"重复"；

"极性"：正（+）；

"阶梯选择"：20μA/ 级 ；

测试图如图 2-22 所示。

图 2-22　NPN 型三极管连接及输出特性显示图形

（4）NPN 型 3DG6 晶体三极管的输入特性测试

面板旋钮的位置：

"峰值电压范围"：0~10V；

"峰值电压"：6V；

"极性"：正（+）；

"功耗电阻"：500Ω；

X 轴：集电极电压，0.05V/div；

Y 轴："电流 / 度"旋钮置基极电压或基极源电压；

阶梯信号："重复－关"按钮置于"重复"；

"极性"：正（+）；

"阶梯选择"：20μA/ 级。

测试图如图 2-23 所示。

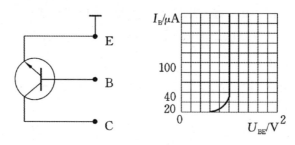

图 2-23　NPN 型三极管连接及输入特性显示图形

（5）测量 N 沟道耗尽型管 3DJ3 漏极特性

面板旋钮的位置：

阶梯信号："重复－关"按钮置于"重复"；

阶梯信号"极性"：负（-）；

"峰值电压范围"：0~10V；

"峰值电压"：适当；

峰值电压"极性"：正（+）；

"功耗电阻"：1kΩ；

X轴：集电极电压，1V/div；

Y轴：集电极电流，0.5mA/div；

"阶梯选择"：0.2V/级。

测试图如图2–24所示。

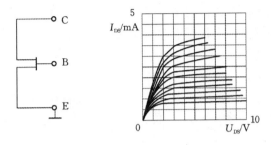

图2-24 场效应管的连接及输出特性显示图形

八、 LCR 电桥的使用

现以PH2810D型LCR数字电桥为例介绍其使用方法，其面板结构如图2–25所示。

图2-25 PH2810D 电桥面板

1．功能键说明

①主参数指示：指示当前测量主参数（L、C、R）。

②主参数显示：显示L、C、R的数值。

③主参数单位：指示当前测量主参数的单位（如电容参数单位为pF、nF、μF）。

④副参数显示：显示电容器的损耗因素D或电感线圈的品质因素Q的数值。

⑤副参数指示：指示当前测量的副参数（D、Q）。

⑥等效键：设定仪器测量等效电路，一般选择串联等效电路。

⑦速度键：快速8次/s，慢速4次/s，低速2次/s。

⑧清零键：用于消除测试引线的分布电容与分布电感的影响，有开路清零和短路清零两种。在测电容时，测试夹具或测试电缆开路，按一下"清零"键，"开"灯亮，每次测试自动扣去底数；在测电感、电阻时，测试夹具或测试电缆短路后，按"清零"键。

⑨锁定键：用于锁定仪器内部测试量程的挡位，灯亮仪器处于锁定状态，仪器测试速度最高。在未锁定状态下每次测量时，仪器内部都要根据被参数的大小自动进行量程的切换。

⑩接地端：用于外接被测元件的屏蔽地线。

⑪频率键：设定加于被测元件上的测试信号频率是100Hz、1kHz或10kHz。

⑫电平键：每按一下，选择一种测试电平，分别在0.1V、0.3V、1.0V三种电平中循环。

⑬参数键：每按一下，选择一种主参数，分别在L、C、R三种参数中循环。

⑭电源开关：按下，电源接通；弹出，电源断开。

⑮测试信号端：HD为电压激励高端；LD为电压激励低端；HS为电压取样高端；LS为电压取样低端。

2．操作步骤

①插上电源插头，将面板开关按至ON。开机后，仪器功能指示于上次设定状态，预热10min，待机内达到平衡后，进行正常测试。

②测试参数的选择，使用"参数"键选择L、C、R，各参数的单位如下所示。

L：μH、mH、H（连带测试器件Q值）

C：pF、nF、μF（连带测试器件D值）

R：Ω、kΩ、MΩ（连带测试器件Q值）

③使用者应根据被测器件的测试标准或使用要求，按下"频率"键与"电平"键，选择相应的测量频率和测试电压。可选择100Hz、1kHz、10kHz3个频率，1V、0.3V、0.1V3个电压。

④选择设置好测试参数、测试频率、激励电压后，用测试电缆夹头夹住被测器件的引脚、焊盘。待显示屏参数数值稳定后，读取并记录。

3．清"0"功能

①通过清除存在于测量电缆或测量夹具上的杂散电抗来提高测试精度，这些电抗以串联或并联的形式叠加在被测器件上，清"0"功能便是将这些参数测量

出来，将其存储于仪器中，在元件测量时自动将其减掉，从而保证仪器测试的准确性。

②仪器清"0"包括两种清"0"校准，即短路清"0"和开路清"0"。在测电容时，先将夹具或电缆开路，按"方式"键使"校测"灯亮；在测电阻、电感时，用粗短裸体导线短路夹具或测试电缆，按"方式"键使"校测"灯亮。

③可同时存放三组不同的清"0"参数，即三种频率各一种，相互不干扰，仪器在不同频率下的分布参数是不同的。因此，在一种频率下清"0"后转换至另一频率时需重新清"0"。若某种频率以前已清"0"，则无需再次进行。而掉电保护功能保证以前清"0"值在重新开机后仍然有效，若环境条件（如温度、湿度、电磁场等）变化较大则应重新清"0"。

4．等效功能

①实际电容、电感和电阻都不是理想的纯电阻或纯电抗元件，一般电阻和电抗成分同时存在，一个实际的阻抗元件均可用理想的电阻器和理想的电抗器（理想电感和理想电容）的串联或并联形式来模拟。而串联和并联形式是可以从数学上相互转换的，但两者的结果是不同的。其不同主要取决于元件品质因素 Q 或损耗因数 D。

②被测电容器的实际等效电路首先可以从规格书或某些标准的规定得到，如果无法得到，可以用两个不同测试频率下损耗因数的变化来决定，若频率升高而损耗增加，则应选用串联等效电路；频率升高而损耗减小，则应选用并联等效电路，并联方式的损耗因数 D 与频率 f 成反比。对于电感来说，情况正好与电容相反。

③根据元件的最终使用情况来判定。若是用于信号耦合电容，则最好选择串联方式，LC 谐振则使用并联等效电路。

④没有更合适的信息，则可根据以下信息来决定：

低阻抗元件（较大电容或较小电感）使用串联形式；高阻抗元件（较小电容或较大电感）使用并联形式。

一般地，当感抗或容抗 $|Z_x| < 10\ \Omega$ 时，应选择串联等效形式；当 $|Z_x| > 10\ \mathrm{k}\Omega$ 时，应选择并联等效方式；当 $10\ \Omega < |Z_x| < 10\ \mathrm{k}\Omega$ 时，应根据实际情况选择合适的等效方式。当仪器开机时，初始化为"串联"。

5．测量速度选择

所有仪器开机默认为中速测试，其测试精度和速度成反比，即速度越慢精度越高，但效率低，应根据实际情况选择合适的速度，一般选择中速，可通过面板上的速度按键来选择。

6．电平的选择

一般高测试电平用于常规的元件测试（电容、电阻和某些电感），低测试电平用于需低工作信号电平的器件（如半导体器件、电池内阻、电感和一般非线性阻抗元件）。对于某些器件来说，测试信号电平的改变将会使测量结果产生较大的变化，一些电感性元件尤其如此。

7．操作注意事项

①电源输入相线 L，零线 N 应与仪器电源插头上标志的相线、零线相同。

②将测试夹具或测试电缆连接于本仪器面板上标志为 HD、HS、LS、LD4 个测试端。HD、HS 对应一组，LD、LS 对应一组。

③仪器应在技术指标规定的环境中工作，仪器特别是连接被测件的测试导线应远离强电磁场，以免对测量产生干扰。

④当仪器测试完毕或排除故障需打开仪器时，应将电源开关置于 OFF 位置，并拔下电源插头。

⑤仪器测试夹具或测试电缆应保持清洁，以保证被测件接触良好，夹具簧片调整至适当的松紧程度。

九、 数字示波器的使用

1．功能键说明

数字示波器是将被测信号抽样和量化，变为二进制信号存储起来，再从存储器中取出信号的离散值，通过算法将离散的被测信号以连续的形式在屏幕上显示出来。DS1000 系列数字示波器的面板外形如图 2-26 所示。

图 2-26　DS1000 系列数字示波器的面板

探头校准信号输出：提供 1kHz / 3V 的基准信号，用于示波器的自检。

模拟信号输入（探头插座）：用于连接输入电缆，以便输入被测信号，共有两条通道，CH1 和 CH2。

垂直控制区：用于选择被测信号，控制被测信号在 Y 轴方向的大小或移动。

水平控制区：用于控制显示的波形在水平轴方向的变化。

触发控制区：用于控制显示的被测信号的稳定性。

通道总控区：用于通道的选择和通道信号间的计算。

运行控制区：用于对被测信号进行测试的运行或停止。

液晶显示区：用于显示被测信号的波形、测量刻度，以及操作菜单。屏幕刻度和显示信息的界面如图 2-27 所示。

图 2-27　屏幕刻度和显示信息界面

2. 数字存储示波器的操作

（1）垂直系统 VERTICAL 的设置

POSITION（垂直位置）：按下按键，垂直显示位置快速恢复到垂直中心位置。

SCALE（垂直衰减挡位）：按下按键衰减微调（粗调 / 微调）。

CH1、CH2：输入通道选择。

①可设置耦合方式：直流、交流、接地。

②探头的衰减系数：1×，5×，50×，100×，500×，1000×。

③带宽限制："打开"或"关闭"输入信号的带宽限制。

④数字滤波：

MATH，为系统的数学运算界面（A+B，A−B，A×B，FFT 快速傅立叶变换）。

REF，为导入、导出已保存的文件菜单或保存文件，但不存储 X-Y 方式的波形。

OFF 按键：关闭当前选择的通道

（2）水平系统 HORIZONTAL 的设置

POSITION（水平位置）：按下按键，波形快速恢复到水平中心位置。

SCALE（水平扫描挡位）：按下按键，延时扫描。

MENU（水平操作菜单）：设置水平操作菜单。

①延迟扫描：用来放大一段波形，以便查看图形细节。

②时基：Y-T、X-Y（水平轴上显示通道 1 电压，垂直轴上显示通道 2 电压）、Roll。

③采样率：显示系统采样率。

（3）触发系统 TRIGGER 的设置

LEVEL（触发电平）：旋动旋钮，改变触发电平设置，按下按键，触发电平恢复到零点。

MENU（触发操作菜单）：按下按键，调出触发操作菜单、改变触发的设置。

50%：按下按键，设置触发电平在触发信号幅值的垂直中点。

FORCE：按下按键，强制产生一触发信号，主要应用于触发方式的"普通"和"单次"模式。

（4）常用菜单 MENU 的功能。

①自动测量（Measure）。

②设置采样系统（Acquire）。

③存储和调出（Storage）。

④光标测量（Cursor）。

⑤设置显示系统（Display）。

⑥设置辅助系统（Utility）。

3．数字示波器的测量举例

（1）自动测量（AUTO）举例

利用数字示波器的自动测量功能，测量仪器的校准信号波形（方波，3Vp-p，1 kHz）。

①将示波器输入探头（CH1）接到示波器校准信号（1kHz、3Vp-p），按下运行控制区的 AUTO 按钮。示波器将自动设置垂直、水平和触发控制。

②按 CH1 按钮，设置耦合方式（交流或直流）。CH1 通道的设置如图 2-28 所示。

③按自动测量（MEASURE）按钮，设置幅度与频率的显示方式。在功能菜

单中，按电压测量按钮，旋转多功能旋钮，选择峰 – 峰值，再按下多功能旋钮，屏幕上自动显示峰 – 峰值；按时间测量按钮，旋转多功能旋钮，选择频率，再按下多功能旋钮，屏幕上自动显示频率值。自动测量（Measure）的设置如图 2–29 所示。

图 2-28　CH1 通道设置

图 2-29　自动测量设置

（2）光标测量（Cursor）举例

利用数字示波器的光标测量功能，测试校准信号的周期和幅值。

①通过示波器输入探头（CH1）测量示波器的校准信号（1kHz、3Vp–p），

按下 AUTO 按钮。示波器将自动设置垂直、水平和触发控制。按 CH1 按钮，设置耦合方式（交流或直流）。

②用光标测量信号的周期和频率：按下光标测量（Cursor）按钮，在功能菜单中，将光标模式设定为手动，将光标类型设定为 X，信源选择设定 CH1。按下 CurA，旋转多功能旋钮，使光标 A 左右移动；按下 CurB，旋转多功能旋钮，使光标 B 左右移动。由此，可显示测量波形的周期或频率，光标测量周期的显示图形如图 2-30 所示。

③用光标测量信号的峰-峰值：按下光标测量（Cursor）按钮，在功能菜单中，将光标模式设定为手动，将光标类型设定为 Y，信源选择设定 CH1。按下 CurA，旋转多功能旋钮，使光标 A 上下移动；按下 CurB，旋转多功能旋钮，使光标 B 上下移动。由此，可显示测量波形的幅度（峰-峰值）。

图 2-30　光标测量的显示图形

（3）数字存储示波器的数据存储

①内部存储。按存储和调出（Storagge）按钮，在设置存储菜单的存储类型中选择波型存储，按下内部存储，存储位置中选择存储位置，调节多功能旋钮，有 10 个存储位置，可选择其中 1 个，再按下保存键，测量波形即存储到相应的文件中，如图 2-31 所示。如果要调出该文件，按存储位置，调节多功能旋钮，找出该文件，再按下调出按钮，存储的文件即被调出显示在屏幕上。

图 2-31　数字存储示波器的内部数据存储

②外部存储。插上 U 盘，按存储和调出（Storagge）按钮，在设置存储菜单的存储类型中选择位图存储，按下外部存储，浏览器选择文件，再新建文件后，再按保存，测量波形即被存储在 U 盘中，如图 2-32 所示。插入电脑后即可看到测量波形。

图 2-32　数字存储示波器的外部数据存储

第三章　焊接技术与手工焊接技术

　　焊接技术是初学者必须掌握的基本功。在电工电子设备的装配、连接与修理中都会用到电路与元器件的焊接。焊接质量的好坏对整机及电路的性能指标 和可靠性有着很大的影响。如果我们在焊接过程中不按焊接工艺的要求操作，往往会带来人为故障或损坏元器件。

　　电子设备中使用了大量的电子元器件，每个电子元器件都要焊接在电路板上，每个焊点的质量都关系到整机产品的质量。

　　在电子产品的故障检测与维修中，属于焊接质量不好造成虚焊、假焊的故障机占有极大的比例，有些电子产品的故障有一半是由焊接质量不好造成的。可见，焊接技术不仅关系到整机装配的劳动生产率的高低和生产成本的大小，而且是电子产品质量的关键。要做到每一个焊接点不但均匀美观，而且具有良好的电气性能和机械强度，不是一朝一夕就能掌握好的，需要通过专门的焊接训练和反复实践。

　　手工焊接是焊接技术的基本功，一个从事电子技术工作的人员，尤其是初学者，必须认真学习有关焊接的理论知识，掌握焊接的技术要领，并能熟练地进行焊接操作，这样才能保证焊接质量，提高工作效率。

一、电子产品的焊接标准

　　电子产品的焊接标准，可参照 IPC–A–610 中的部分焊接标准。

　　IPC–A–610（电子组件的可接受性）作为电子装配的标准，为人们广泛所接受，其焦点集中在焊点上面。IPC–A–610 用全彩照片和插图形象地罗列了电子组装行业通行的工艺验收标准，是质保、组装、采购、工艺等部门必备的宝典。该标准涵盖有铅 / 无铅焊接、机械组装、接线柱连接、通孔技术、表面贴装技术、跳线连接、元器件损伤、印制电路板机组件及无焊绕接等要求，是电子行业内最为广泛使用的检验标准。在国际上，该标准是用来规范最终产品可接受级别和高可靠性电路板组件的宝典。IPC–A–610 的具体内容，现在已被翻译成多国语言，并可在网上直接查找。

二、常用焊接工具与材料

常用的焊接工具有电烙铁和电热风枪等，另外还有烙铁架、吸锡器等辅助焊接工具。焊接需要的材料有焊料、助焊剂及阻焊剂等。

1. 电烙铁

电烙铁是手工焊接最常见的工具，其作用是提供焊接所需的热源，对被焊金属加热、熔化锡焊，促使两种金属的接触面，通过焊接材料的原子或分子的相互扩散作用，使两种金属间形成一种永久的机械连接和电气连接。选择合适的烙铁，并合理地使用它，是保证焊接质量的基础。由于用途、结构的不同，烙铁的种类较多。按加热方式可分为直热式、感应式、气体燃烧式等。按烙铁的功率可分为 20W，30W，…，300W 等。常用的电烙铁一般为直热式。直热式又分为外热式、内热式、恒温式三大类。根据电烙铁的功能来分，可分为吸锡电烙铁、恒温电烙铁、防静电电烙铁及自动送锡电烙铁等。

（1）内热式电烙铁

内热式电烙铁的发热部分（烙铁芯）安装于烙铁头内部，热量由内向外散发，故称为内热式电烙铁。其结构组成如图 3-1 所示。

弹簧夹　手柄　接线柱　接地线　电源线　紧定螺钉

烙铁头　烙铁芯　连接杆

图 3-1　内热式电烙铁

由于烙铁芯装在烙铁头内部，内热式电烙铁的热量能完全传到烙铁头上，发热快，热量利用率高达 85% ~ 90%，烙铁温度可达 350℃左右，但由于结构原因，使用过程中温度相对集中，容易导致烙铁头被氧化、"烧死"，长时间工作容易损坏，故不适合用作大功率的烙铁。为延长其寿命，可将烙铁头进行电镀，在紫铜表面镀以纯铁或镍。内热式电烙铁的规格多为小功率的，适用于小型电子元器件和印制板的手工焊接，常用的有 20W、25W、35W、50W 等，20W 的烙铁头的温度可达 350℃左右。

（2）外热式电烙铁

外热式电烙铁的烙铁头安装在烙铁芯的里面，即产生热能的烙铁芯在烙铁头外面，故称为外热式电烙铁。其结构组成如图 3-2 所示。

图 3-2　外热式电烙铁

外热式电烙铁的功率比较大，常用的规格有 25W、45W、75W、100W、200W 等，适合焊接较大的元器件，一般电子产品装配多用 45W 的外热式电烙铁。外热式电烙铁的烙铁头可以被加工成各种形状以适应不同焊接面的需要。常见烙铁头的形状如图 3-3 所示。

图 3-3　常见烙铁头的形状

常用的外热式电烙铁有直立型（图 3-2）和 T 型（图 3-4）两种，其中直立型外热式电烙铁的使用最普遍。T 型外热式电烙铁易于焊接装配密度高的电子产品，不易烫坏焊点周围的元器件及导线。

图 3-4　T 形外热式电烙铁

外热式电烙铁经久耐用、使用寿命长，长时间工作时温度稳定，焊接不易烫坏元器件，适合长时间通电工作。但由于其体积相对较大，热效率相对较低，35W 的外热式电烙铁的温度只相当于 20W 的内热式电烙铁的温度。

（3）恒温（调温）电烙铁

由于目前使用的外热式与内热式电烙铁的烙铁头的温度都超过 300℃，焊锡容易被氧化而造成虚焊。同时，烙铁头温度过高，若与焊点接触时间过长，就会造成元器件损坏，这对焊接集成电路是不利的。故在要求高的场合，通常采用恒温电烙铁。恒温电烙铁是一种能自动调节温度，使焊接温度保持恒定的电烙铁。根据控制方式的不同，恒温电烙铁分为电控恒温烙铁和磁控恒温烙铁两种。

电控恒温电烙铁是用热电偶作为传感元件来检测和控制烙铁温度的。当烙铁头的温度低于规定的数值，温控装置就接通电源，对电烙铁进行加热，温度上升；当加热到预定温度值，温控装置会自动切断电源，这样反复操作可以达到自动调温的目的，使电烙铁基本保持恒定温度。

磁控恒温电烙铁是在电烙铁的烙铁头上安装一个强磁性体传感器，用于吸附磁性开关中的永久磁铁来控制电烙铁电源的通断，从而达到控制温度的目的。这种强磁性体传感器的磁场强度与温度有关，当温度上升到所用物质的居里点温度时会失去磁性。在温度较低时，该磁性传感器的强磁场将机械控制开关吸合，电烙铁加热；当温度上升到预定温度（居里点）时，该磁性传感器失去磁性，控制开关的触点断开，电烙铁的温度下降；当温度下降到一定值时，磁性传感器的磁性恢复而再使电烙铁加热，从而保持烙铁温度的恒定。若需要控制不同的温度，则要更换不同温度的烙铁头，因为不同温度的烙铁头装有不同规格的强磁性体传感器，其居里点不同，失磁的温度也不同。

恒温（调温）电烙铁的温度变化范围小，且始终保持在适于焊接的温度范围内，不易产生过热现象，故使用寿命长且省电，同时可提高焊接质量。烙铁头的温度不受电源电压、环境温度的影响，体积小、重量轻，但价格高。

（4）吸锡电烙铁

吸锡电烙铁是在普通电烙铁的基础上增加吸锡结构，使其具有加热、吸锡两种功能。其外形如图3-5所示。

吸锡电烙铁由烙铁体、烙铁头和支架组成，有些吸锡电烙铁还配有橡皮囊。使用时先将烙铁加热，再将烙铁头放到焊点，待焊点上的锡焊融化后，按动吸锡开关，将焊点上的焊锡吸入腔内即可。吸锡电烙铁具有拆焊效率高，不易损伤元器件的优点。特别是在拆焊多接点的元器件时，使用它更为方便。

图3-5 吸锡电烙铁的外形

（5）电烙铁的选用

在进行科研、生产、仪器维修时，可根据不同的施焊对象选择不同的电烙铁。主要从烙铁的种类、功率及烙铁头的形状 3 个方面考虑，在有特殊要求时，选择具有特殊功能的电烙铁。

①电烙铁类型的选择。电烙铁的种类繁多，应根据实际情况灵活选用。一般的焊接应首选内热式电烙铁。对于大型元器件及直径较粗的导线应考虑选用功率较大的外热式电烙铁。对于焊接要求工作时间长、被焊元器件少的情况，如表面封装的元器件等，则应考虑选用长寿命型的恒温电烙铁。表 3–1 为选择电烙铁的依据，仅供参考。

表 3–1　选择电烙铁的依据

焊接对象及工作性质	烙铁头温度（℃） （室温，220V 电压）	选用烙铁
一般印制电路板、安装导线	300～400	20W 内热式、30W 外热式、恒温式
集成电路	350～400	20W 内热式、恒温式
焊片、电位器、2~8W 电阻、大电解电容、大功率管	350～450	35～50W 内热式、恒温式、50～75W 外热式
8W 以上大电阻、Φ2mm 以上导线	400～550	100W 内热式、150～200W 外热式
汇流排、金属板等	500～630	300W 外热式
维修、调试一般电子产品	—	20W 内热式、恒温式、感应式、储能式、两用式

②电烙铁功率的选择。对一些采用小型电子元器件的普通印制电路板的焊接和 IC 电路板的焊接（如音响设备、电视机、电磁炉等），应选用 20～25W 内热式电烙铁或 30W 外热式电烙铁，这是因为小功率的电烙铁具有体积小、重量轻、发热快、便于操作、耗电少等优点。对一些采用较大元器件的电路板及机壳底板的焊接（如功率放大器、大功率电源设备等），则应选用功率大一些的电烙铁，如 50W 以上的内热式电烙铁或 75W 以上的外热式电烙铁。电烙铁的功率选择一定要合适，过大易烫坏晶体管、集成块或其他元件，过小则易出现假焊或虚焊的现象，直接影响焊接质量。

（6）电烙铁的正确使用

使用电烙铁前首先要核对电源电压是否与电烙铁的额定电压相符，注意用电安全，避免发生触电事故。电烙铁无论第一次使用还是重新修整后再使用，使用前均需进行"上锡"处理。上锡后如果出现烙铁头挂锡太多而影响焊接质量，此时千万不能为了去除多余焊锡而甩电烙铁或敲击电烙铁，因为这样可能将高温焊锡甩入周围人的眼中或身体上而对他人造成伤害，也可能在甩或敲击电烙铁时使烙铁芯的瓷管破裂、电阻丝断损或连接杆变形发生移位，使电烙铁外壳带电造成触电伤害。去除多余焊锡或清除烙铁头上的残渣的正确方法是在湿布或湿海绵上擦拭。

电烙铁在使用中还应注意经常检查手柄上紧固螺钉及烙铁头的锁紧螺钉是否松动，若出现松动，易使电源线扭动、破损引起烙铁芯引线相碰，造成短路。电烙铁使用一段时间后，还应将烙铁头取出，清除氧化层，以避免发生因时间长而烙铁头取不出的现象。在焊接操作时，电烙铁一般放在方便操作的右方烙铁架中，与焊接有关的工具应整齐有序地摆放在工作台上，养成文明生产的好习惯。

2. 电热风枪

电热风枪是利用高温热风，加热焊锡膏、电路板及元器件引脚，使焊锡膏熔化，来实现焊装或拆焊目的的半自动焊接工具。

电热风枪是专门用于焊装或拆卸表面贴装元器件的专用焊接工具，主要用于手机、MP3 播放器、网络与通信设备等采用表面贴装工艺的电子产品维修。

3. 其他辅助焊接工具

①烙铁架。烙铁架用于存放松香或焊锡等焊接材料，在焊接的空闲时间，电烙铁要放在特制的烙铁架上，以免烫坏其他物品。

②尖嘴钳。尖嘴钳的主要作用是在连接点上夹持导线或元器件引线，也用来对元器件的引脚加工成型。尖嘴钳有普通尖嘴钳和长尖嘴钳。在装配密度较大或较深的底层网绕导线及布线时，宜用长尖嘴钳。使用时不能用尖嘴钳装拆螺母，也不允许把尖嘴钳当作手锤使用。同时要注意，在夹镊较粗、较硬的金属导线及其他物体时，防止其尖嘴因用力过大而断裂。

③镊子。在焊接过程中，利用镊子夹持导线或元器件引脚，以防其移动，帮助焊接，且镊子夹持元器件引脚可以帮助元器件散热，避免因焊接温度过高而损坏元器件，同时可避免烫伤持焊接元器件的手。焊接结束时，也可以使用镊子检查元器件的焊接稳定度。

④斜口钳。斜口钳主要用于剪切导线，尤其适用于剪掉插件元件焊接后多余的元器件引脚，以及剪去焊点上网绕导线后的多余线头。

⑤吸锡器。吸锡器用于协助电烙铁拆卸电路板上的元器件，使元器件的引脚与焊盘分离，并吸空焊盘上的焊锡，做好安装新元器件的准备。

⑥小刀或细砂纸。一般使用小刀或细砂纸除去元器件金属引线表面的氧化层，对于集成电路的引脚可使用绘图橡皮擦拭去除氧化层，使引脚露出金属光泽后进行搪锡处理。

⑦剥线钳。剥线钳用于剥掉 3mm 及以下的塑胶线等线材的端头表面绝缘层。

4．焊接材料

焊接需要的材料包括：焊料、助焊剂及阻焊剂等其他辅助材料。

（1）焊料

焊料是一种可熔化的金属合金，熔点低于被焊金属。在焊接过程中能润湿被焊金属表面，并在接触面处形成合金层的物质，从而使被焊物连成一体。

焊料按其组成成分可分为锡铅焊料、银焊料及铜焊料。锡与铅以不同的比例组合成锡铅焊料，其熔点和对应的物理特性都随不同的配比有所不同。电子产品中常用的锡焊种类如表3-2所示。其特点为：

①熔点低，它在180℃时便可熔化，有利于焊接。

②具有一定的机械强度，合金的各种机械强度均优于纯锡和纯铅，由于电子元器件本身的重量较轻，对焊点的强度要求不高，故能满足其焊点的强度要求。

③具有良好的导电性。

④对元器件引线及其他导线有较强的附着力，有利于在焊接时形成可靠接头，不容易脱落。

⑤抗氧化性强，抗腐蚀性能好。铅的抗氧化性的优点在合金中继续被保持，使焊料在熔化时减少氧化量，焊接好的印刷电路板不必涂任何保护层就能抵抗大气的腐蚀。

表3-2　电子产品中常用的焊锡种类

序号	焊锡中各金属成分的比例				焊锡熔点 /℃
	锡（Sn）	铅（Pb）	镉（Cd）	铋（Bi）	
1	61.9%	38.9%	—	—	182
2	35%	42%		23%	150
3	50%	32%	18%	—	145
4	23%	40%	—	37%	125
5	20%	40%	—	40%	110

（2）无铅焊料

无铅焊锡是指以锡为主体，添加其他金属材料制成的焊接材料。所谓"无铅"，是指无铅焊锡中铅的含量必须低于0.1%，"电子无铅化"指的是包括铅在内的6种有毒、有害材料的含量必须控制在0.1%以内，同时电子器件的制造过程必须符合无铅的组装工艺要求。无铅焊料的成分及熔点温度如表3-3所示。

表 3-3　无铅焊料的成分及熔点温度

序号	无铅焊锡的成分	无铅焊料的熔点温度 $T/℃$
1	85.2Sn/4.1Ag/2.2Bi/0.5Cu/8.0In	193 ～ 199
2	88.5Sn/3.0Ag/0.5Cu/8.0In	195 ～ 201
3	91.5Sn/3.5Ag/1.0Bi/4.0In	208 ～ 213
4	92.8Sn/0.5Ga/0.7Cu/6.0In	210 ～ 215
5	93.5Sn/3.1Ag/3.1Bi/0.5Cu	209 ～ 212
6	95Sn/5Sb	235 ～ 243
7	95.4Sn/3.1Ag/1.5Cu	216 ～ 217
8	96.5Sn/3.5Cu	221

（3）助焊剂

助焊剂是焊接时添加在焊点上的化合物，是进行锡铅焊接的辅助材料，可以清除焊件表面的氧化物与杂质。另外，助焊剂在加热时，可在整个金属表面形成一层薄膜，包住金属使其与空气隔绝，从而起到防止焊接过程中的金属被氧化的作用。另外，助焊剂还有减少焊料本身的张力，帮助焊料流动，使焊料附着力强，使焊点易于成形，有利于提高焊点的质量的优点。

常用的助焊剂有无机助焊剂、有机助焊剂、松香类助焊剂。电子产品的焊接一般用松香类助焊剂。

松香类助焊剂在使用时的注意事项：

①松香类助焊剂反复加热使用后会碳化发黑，这时的松香不但没有助焊作用，还会降低焊点的质量。

②在温度达到600℃时，松香的绝缘性能下降，松香易结晶，稳定性变差，且焊接后的残留物对发热元器件有较大的危害（影响散热）。

③存放时间过长的松香不宜使用，因为松香的成分会发生变化，活性变差，助焊效果也就变差，影响焊接质量。

（4）清洗剂

在完成焊接操作后，焊点周围存在残余焊剂、油污、汗迹、多余的金属物等杂质，这些杂质对焊点具有腐蚀、伤害作用，会造成绝缘电阻下降、电路短路或接触不良等，因此要用清洗剂对表面的焊斑、焊污进行清洗。常用清洗剂有无水乙醇、航空洗涤汽油、三氯三氟乙烷（F113）。

三、手工锡焊技术

手工焊接是焊接技术的基础，也是电子产品装配中的一项基本技能。在电子产品的研发试制、小批量生产、电子产品的调试与维修等中，都会用到手工焊接。手工焊接的要点是：正确的焊接姿势和正确的基本操作方法。

1. 焊接姿势

手工焊接一般采用坐姿焊接，焊接时电烙铁离操作者鼻子的距离以20～30cm 为佳。焊接操作者握持电烙铁的方法有 3 种：反握法、正握法、笔握法，如图 3-6 所示。

　　（a）反握法　　　　（b）正握法　　　　（c）笔握法

图 3-6　电烙铁的三种握持姿势

2. 焊接方法

手工焊接常采用五步操作法：准备、加热、加焊料、撤焊料、撤电烙铁。如图 3-7 所示。第一步：准备工序，烙铁头与焊锡丝同时指向连接点。第二步：加热焊点，烙铁头先接触焊点，加热焊接部位。第三步：加焊料，即焊锡丝接触焊接部位，熔化焊锡。第四步：撤离焊锡丝。第五步：撤离电烙铁，当焊料的扩散范围达到要求后移开电烙铁。

　　第一步　　　　　　第二步　　　　　　第三步　　　　　　第四步　　　　　　第五步

图 3-7　五步操作法

但在实际焊接过程中，常常简化为三步法，如图 3-8 所示，即将五步中的第二步与第三步合为一步，即加热焊接部位与加焊料同时进行；第四步与第五步合为一步，即同时移开焊料与烙铁头。

　　第一步　　　　　　　　　第二步　　　　　　　　　第三步

图 3-8　三步操作法

3. 手工焊接的操作要领

①焊接前要对被焊件表面进行清理，去除焊接面上的锈迹、油污等影响焊接质量的杂质。

②对元器件的引线进行预先镀锡。元器件引线经清洁处理后，应及时上锡，以避免再次氧化。

③助焊剂不要过量使用，过量的松香会延长加热时间，有可能使松香夹杂到锡中形成"渣"，影响焊料与被焊物的接触。

④保持烙铁头焊接面的清洁。多次使用电烙铁时，烙铁头要在湿布或湿海棉上进行不时擦拭，以免处于高温的烙铁头表面被氧化而形成黑色杂质，影响加热。

⑤烙铁头上有一定的锡焊桥。这是在烙铁头上保留一定量的焊锡，作为被焊件与烙铁之间的传热"桥梁"，增大了烙铁头与焊件的接触面积，提高了传热效率。

⑥焊接时间要合适，这应根据被焊件的形状、性质、特点等来确定合适的时间，它包括被焊件表面达到焊接温度的时间、焊锡熔化的时间、助焊剂发挥作用及生成金属合金的时间。焊接时间过短，焊锡流动不充分，就会造成焊点不均匀，焊点夹渣；如时间过长，就会导致焊接温度升高，焊锡氧化。除了特殊焊点，一般焊接时间为3~5s。

⑦焊接时，要确保焊点上的焊料充分润湿焊盘，而且孔内也要润湿填充。结束时，在焊料与电烙铁撤离焊点的过程中，要注意烙铁头的撤离方向，被焊件要保持相对稳定，让焊点自然冷却，不要采用强制性冷却，以免因相对移动或强制冷却而产生气泡等造成虚焊。烙铁撤离方向与焊料之间的关系如图3-9所示。

图 3-9　烙铁撤离方向与焊料之间的关系

⑧为确保焊接质量的持久性，待焊点完全冷却后，要对焊点进行清洗，避免因焊接时污物落在焊点上而侵蚀焊点。

4. 手工焊点要求及质量检查

（1）焊点要有可靠的电气连接

良好的焊点应该具有可靠的电气连接性能，不允许出现虚焊、桥接等现象。

（2）焊点要有足够的机械强度

电子产品完成装配后，会在搬运、使用等过程中产生振动，因此要求焊点具有可靠的机械强度，保证不会因正常的振动或抖动而导致焊点脱落。

通常焊点的连接方式与机械强度也有一定的关系。焊点的连接有绕焊、钩焊、搭焊、插焊4种方式，如图3-10所示。

①插焊。插焊是将被焊接元器件的引线或导线插入洞形或孔形接点中进行焊接的。有些插接件的焊接需将导线插入接线柱的洞孔中，这也属于插焊的一种。它适用于元器件带有引线，插针或插孔及印制板的常规焊接。

②钩焊。钩焊是将被焊接元器件的引线或导线钩接在被连接件的孔中进行焊接的。它适用于不便缠绕但又要求有一定机械强度和便于拆焊的接点上。

③绕焊。绕焊是将被焊接元器件的引线或导线缠绕在接点上进行焊接的。其优点是焊接强度高，此方法应用很广泛。高可靠整机产品的焊接点通常采用的就是这种方法。

④搭焊。搭焊是将被焊接元器件的引线或导线搭在接点上进行焊接的。它适用于易调整或改焊的临时焊点。

（a）插焊　　　　　（b）钩焊　　　　　（c）绕焊　　　　　（d）搭焊

图3-10　焊点的4种连接方式

（3）要求焊点外观光洁、整齐

良好的焊点应是焊料用量恰到好处，外表有金属光泽、平滑，没有裂纹、针孔、拉尖、桥接等现象。焊点的外观应该是明亮、清洁、平滑、焊锡量适中并呈裙状拉开，焊锡与被焊件之间没有明显的分界。

5. 焊点的常见缺陷及原因分析

（1）虚焊

虚焊又称假焊，是焊接时内部没有真正形成金属合金的现象。造成的原因是引脚氧化层没有处理好，焊点下沉，焊料与引脚没有吸附力，或是焊接温度过低，焊接结束但锡焊尚未凝固时焊接元件被移动等。虚焊的后果会使电路接触不良，信号时有时无，噪声增加，电路正常但不工作。常见的虚焊现象如图3-11

（a）（b）所示。

（2）拉尖

拉尖是指焊点表面有尖角、毛刺的现象。拉尖会造成外观不佳、易桥接等现象；对于高压电路，有时会出现尖端放电的现象。造成拉尖的主要原因是烙铁头离开焊点的方向不对、离开的速度太慢、焊料质量不好或杂质较多、焊接时温度过低等。拉尖的情况如图 3-11（c）所示。

（3）桥接

桥接是指焊锡将电路之间不应连接的地方误焊起来的现象。桥接会造成产品出现电气短路，还有可能使相关电路的元器件损坏。桥接的情况如图 3-11（d）所示。

（4）球焊

球焊是指焊点形状像球形、与印制板只有少量连接的现象。球焊会造成焊接的机械强度差，易造成虚焊或断路故障。球焊的情况如图 3-11（e）所示。

（a）虚焊 1　　　　（b）虚焊 2　　　　（c）拉尖　　　　（d）桥接　　　　（e）球焊

图 3-11　焊点的常见缺陷

（5）印制板铜箔起翘、焊盘脱落

印制板铜箔起翘、焊盘脱落是指印制板上的铜箔部分脱离印制板的绝缘基板，或铜箔脱离基板并完全断裂的情况。印制板铜箔起翘、焊盘脱落会造成电路断路，或元器件无法安装的情况，严重时整个印制板会被损坏。

（6）导线焊接不当

导线的焊接在电子产品装配中占有重要位置，导线焊点的失效率高于元器件在印制电路板上的焊点，导线焊接不当会造成短路、虚焊、焊点处接触电阻增大、焊点发热、电路工作不正常等故障，且外观难看。常见的几种导线焊接不当如图 3-12 所示。

（a）芯线过长　　　（b）焊料浸过导线外皮　　（c）外皮烧焦　　　（d）摔线　　　（e）芯线散开

图 3-12　常见的几种导线焊接不当现象

（7）锡球、锡渣

锡球、锡渣是指 PCB 板表面附着多余的焊锡球、锡渣，会导致细小管脚短路。

（8）少锡

少锡是指锡点太薄，不能将零件铜皮充分覆盖，影响连接固定。

（9）多锡

多锡是指零件脚完全被锡覆盖，即形成外弧形，使零件外形及焊盘位不能被看到，不能确定零件及焊盘是否上锡良好。

四、元器件的安装工艺

电子元器件的安装通常是指将元件的引脚插入印制板电路上相应的安装孔内。其插装原则示例如图 3-13 所示，插装要求如下所示。

（a）合格的元件插装　　　　　（b）不合格的元件插装

图 3-13　插装要求示例

①元件的插装应使其标记和色码朝上，以便于辨认。

②有极性的元件由其极性标记方向决定插装方向。

③插装顺序应该先轻后重、先里后外、先低后高。

④应注意元器件间的距离。印制板上元件的距离不能小于 1mm；引线间的间隔要大于 2mm；当有可能接触到时，引线要套绝缘套管。

⑤对于较大、较重的特殊元件，如大电解电容、变压器、阻流圈、磁棒等，插装时必须用金属固定件或固定架加强固定。

五、元器件的拆焊工艺

拆焊又称解焊，是指把元器件从原来已经焊接的安装位置上拆卸下来。当焊接出现错误、元器件损坏或进行调试维修电子产品时，就要进行拆焊。拆焊时如果方法不当，很容易将元器件损坏，并破坏原焊接点。

1．拆焊的常用工具和材料

拆焊的常用工具和材料有普通电烙铁、镊子、吸锡器、吸锡电烙铁、拆焊针管、吸锡编织带（细铜网）等。

2．拆焊操作的原则

拆焊时不能损坏需拆除的元器件及导线；不能损坏焊盘和印制电路板上的铜箔；拆除过程中不要移动其他元器件，若因拆除需要必须移走其他器件，则在拆焊结束后一定要做好其他器件的复原工作。

3．常用的拆焊方法

常用的拆焊方法有剪断拆焊法、分点拆焊法、集中拆焊法和吸锡工具拆焊法。

（1）剪断拆焊法

当被拆焊的元器件可能需要多次更换，或已经拆焊过时，可采用剪断拆焊法。该方法是先用斜口钳或剪刀贴着焊点根部剪下元器件，再用电烙铁加热焊点，接着用镊子将线头取出。这种方法简单易行，在引线或安装允许剪断的条件下是一种最便利的方法。

（2）分点拆焊法

当需要拆焊的元器件引脚不多（如电阻、电容、二极管、三极管等），且须拆焊的焊点距其他焊点较远时，可使用电烙铁进行分点拆焊。其操作方法是先将印制板用电烙铁加热拆下一个引脚的焊点，再加热拆下另一个引脚的焊点。

（3）集中拆焊法

集中拆焊法是用电烙铁同时交替加热几个焊接点，待焊锡熔化后一次拔出元器件。此操作要求加热迅速，注意力集中，动作要快，引线不能过多。对表面贴装元器件，要用热风枪给元器件加热，待焊锡熔化后将元器件取下。

（4）吸锡工具拆焊法

当需要拆焊的元件引脚多、引线较硬时，或焊点之间的距离很近且引脚较多时，如多脚的集成电路拆焊，要使用吸锡工具拆焊。即利用吸锡工具的内置空腔的负压作用，将加热后熔化的焊锡吸进空腔使元器件的所有引脚与焊盘分离，即可拆下元器件。

六、贴片元件的焊接工艺

随着电子产品小型化和元器件集成化的发展，以短、小、轻、薄为特点的表面安装器件的应用越来越广泛，贴片元件的使用越来越多，对贴片元件的焊接要求也越来越高。

1．贴片集成芯片的焊接

贴片集成芯片因引脚较多，焊接间距很小，焊接的难度相对较高，具体步骤如下：

（1）焊前的预处理

在焊接之前先在焊盘上涂上助焊剂，用烙铁处理一遍，以免焊盘镀锡不良或被氧化，造成焊不上锡，芯片则一般不需要处理。

（2）芯片位置的对准

用镊子小心地将芯片放到 PCB 板上，注意不要损坏引脚，使其与焊盘对齐，要保证芯片的放置方向正确。把烙铁的温度调到 300 多摄氏度，将烙铁头尖沾上少量的焊锡，用工具向下按住已对准位置的芯片，在芯片两个对角位置的引脚上先加少量的焊锡进行焊接，使芯片固定而不能移动。在焊完对角后重新检查芯片的位置是否对准。如有必要可进行调整或拆除，并重新在 PCB 板上对准位置。

（3）芯片的焊接

开始焊接所有的引脚时，应在烙铁尖上加上焊锡，将所有的引脚涂上焊锡使引脚保持湿润。用烙铁尖接触芯片每个引脚的末端，直到看见焊锡流入引脚。在焊接时要保持烙铁尖与被焊引脚并行，防止因焊锡过量发生搭接。

（4）焊后的处理

焊完所有的引脚后，用助焊剂浸湿所有引脚以便清洗焊锡。在需要的地方吸掉多余的焊锡，以消除任何可能的短路和搭接。最后，用镊子检查是否有虚焊，检查完成后，从电路板上清除助焊剂，将硬毛刷浸上酒精沿引脚方向仔细擦拭，直到助焊剂消失为止。

2. 贴片阻容元件的焊接

贴片阻容元件则相对容易焊一些，可以先在一个焊点点上锡，然后放上元件的一头，用镊子夹住元件，焊上一头之后，再看看是否放正了，如果已放正，就再焊上另外一头。

若贴片元件的管脚很细，则在放置元件前可以先对元件的管脚加锡，然后用镊子夹好元件，在桌边轻磕，去除多余的焊锡，在焊接时电烙铁不用上锡，用烙铁直接焊接即可。

在贴片元件焊接完成后，应当对电路板上的所有焊点的质量进行全面的检查。若有问题，要及时修理、补焊。

七、相关技术知识

（一）安全生产与防静电知识

安全生产，预防静电，是电子产品生产制造中的重要内容。

1. 安全生产

安全生产是指在生产过程中确保电子产品、使用的工具、仪器设备和人身的安全。因此，在生产过程中必须注意以下几点：

①操作带电设备时勿触及非安全电压的导电部分。

②无论是永久性的还是临时性的电气设备的电动工具都应接好完全保护地线。

③在调试高压设备时，操作人员应穿绝缘鞋，戴绝缘手套；在排除故障时，注意应先断开电源并对高压器件放电。

④酒精、汽油、香蕉水等易燃物品，应妥善保管，不能放置在明火附近。

⑤操作中剪下的导线头和金属，以及其他的剩余物，应妥善处理，不能乱放乱甩。

2．电子元器件生产中的静电防护

静电的损伤是在人们不知不觉的过程中发生的。人体产生的静电通常都在1万伏以上，在地毯上走路、脱衣等形成的绝缘体摩擦、滑动、分离等，都可因得到或失去电荷而产生极高的静电电压。

电子元器件按其种类不同，受静电破坏的程度也不同，最低的100V的静电压也会对其造成破坏。静电对集成电路（IC）的破坏不仅体现在电子元器件的制作工序中，而且在IC的组装、运输等过程中都会对IC造成破坏。静电的危害将直接导致器件损坏或特性下降，特性下降的器件所形成的隐患最终将导致电路失效。

（1）静电的特点与产生静电的原因

静电的特点是：①电位高。静电产生的电压可达数万至数十万伏，操作时常达到数百至数千伏（人通常不易感觉到3 kV以下的静电）。②电量低。静电产生的电流多为微安级（尖端瞬间放电例外）。③作用时间短。静电的放电时间极短，一般在微秒之内。④受环境影响大。静电受环境的影响很大，特别是湿度的影响。当湿度上升，则绝缘体表面的电阻降低，静电积累减少，静电的电压下降。

产生静电的原因主要有：①摩擦剥离起电，物质的结合和分离都会产生静电。②感应起电。③电容的改变。

（2）静电的防护

根据静电产生的原因可知，在电子产品的生产制造过程中，人体的运动是静电产生的最主要根源，因此人体是最大的静电源，人体的静电需通过地线放电才能消除。

对人体静电的控制主要是通过采取减少静电电荷的产生和人体接地释放静电电荷两种方法同时控制。减少静电电荷产生的措施主要是通过戴工帽、手套、指套、穿工衣、工鞋等方法来实现；人体接地释放静电电荷的措施主要是通过佩戴防静电腕带，使用防静电座椅等方式加以控制，从而使人体产生的静电能够安全地释放，达到静电防护的目的。

在应用 CMOS 集成电路的电子产品的生产制造中，因 MOS 场效应管绝缘栅极的输入阻抗极高，很容易被静电击穿而损坏，有时人体手指无意间碰了一下 CMOS 芯片的引脚就可能导致该芯片击穿损坏，因此静电的防护尤为重要。

在 IC 静电防护作业场所，静电防护的措施必须将包括人体在内的所有作业场所处于同等电位，具体要求为：

①佩戴防静电手腕带操作。防静电腕带由手腕带（松紧圈）和接地线两个部分组成，手腕带使用柔软而富有弹性的材料配以导电丝混编而成，腕带的导电性能好，弹簧接地线的长度可任意调节，能经受 30000 次以上的环境试验而不断裂。佩戴防静电手腕带可使人体活动中产生的静电通过腕带释放到地。腕带的接地线一端串接有一个 $1M\Omega$ 的限流电阻并与腕带扣连接，另一端可保持与接地点相连，一方面应保证操作者在触及高电压时流过人体的电流不大于 5mA，另一方面又要保证人体所带的静电能通过该电阻很快泄放，使皮肤上的静电小于 100V，静电泄放至 100V 以下的时间小于 0.1s。

腕带佩戴方法：将腕带扎于手腕处，不能松动，手腕感觉四周勒紧。保证手腕带内表面与皮肤良好接触，接地线与接地点连接。

防静电腕带电阻需定期测试，建议每月测试一次；对于测试结果不满足要求的防静电腕带停止使用（注：电阻在 $0.8 \sim 1.2M\Omega$ 符合要求）。

另外，还有一种无绳腕带，其工作原理是电晕放电效应和尖端放电原理，当聚积的电荷超过一定值时因电位差向空间放电，从而达到消除静电的目的。在无绳腕带的外部设有一枚螺丝，与内部导体回路联结。该螺丝可作为因人体不当碰触高静电源，造成瞬间导入大量静电荷，在离子中和不及完成时，可由尖端放电而与螺丝外界的空气水分子达成离子中和，使静电有效排除，从而达到静电泄放（静电压平衡）的最终目的。同时，该螺丝也作人体电位归零用，只需将螺丝碰触接地，即可实现人体电位的归零功能。

②将测试仪、工具、烙铁等接地。所用的仪器仪表、电烙铁的可靠接地可使外壳与地处于同等电位。使用交流电源的工具必须使用硬接地措施接入电气保护地，硬接地是指使物体直接与地相连接；使用电池的工具和气动工具（如电动螺丝刀等）需要采用软接地，软接地是指使物体通过一个足够高的阻抗接往大地。防静电烙铁的金属外壳应接保护地，烙铁头必须具有硬接地通路，烙铁头的接地电阻要求小于 1.0Ω。由于烙铁头的高温氧化问题，日常检查测试时烙铁头接地电阻小于 20Ω 是可以接受的。

③操作人员穿戴防静电工衣、工鞋。穿着用导电纤维制成的防静电工作服和用导电橡胶制作的防静电鞋，可以减少人体运动中产生的静电。

④工作台面铺设防静电台垫后接地。铺设防静电台垫可以防止电子器件、工具或人体移动时与桌面摩擦产生静电。防静电台垫主要由导静电材料、静电耗散材料及合成橡胶制作而成。产品一般为二层结构，表面层为静电耗散层，颜色有绿色、蓝色等，底层为导电层，一般为黑色，可以使人体与台面接触的工具、仪表等达到均一的电位并释放静电，同时使静电敏感器件不受摩擦起电等静电放电现象的干扰，从而达到静电防护的效果。

⑤地面铺设防静电地板或导电橡胶地垫。

（二）工业自动焊接技术

在电子工业的发展中，手工焊接难以满足焊接效率和可靠性的要求，而自动焊接技术能够大大提高焊接速度，提高生产效率，降低生产成本。常见的自动焊接技术有浸焊工艺技术、波峰焊技术、再流焊技术等。另外，在现代的电子产品装配中还要求应用无铅焊接技术。

1. 浸焊工艺技术

浸焊工艺技术是将插装好元器件的印制电路板浸入熔融状焊料的锡锅内，一次完成电路板上所有焊点的焊接过程。

（1）浸焊工艺技术的工艺流程

①插装元件。将需要焊接的元器件插装在印制电路板上。

②喷涂助焊剂。在安装好元器件的印制板上喷涂助焊剂，并经由加热器烘干助焊剂。

③浸焊。将印制电路板送入装有熔融焊料的焊槽进行浸焊，浸入的深度为印制板厚度的 50% ～ 70%，浸焊时间为 3 ～ 5s。

④冷却剪脚。焊接完毕后进行冷却（风冷），待焊锡完全凝固后，送至切头机上，按标准剪去过长的引脚，一般引脚露出锡面的长度不超过 2mm。

⑤检查修补。检查外观是否有焊接缺陷。若有少量缺陷，可用电烙铁修补；若缺陷较多，则必须重新浸焊。

（2）浸焊工艺技术的特点

浸焊工艺技术的生产效率高、操作简单、适用于批量生产，可以消除漏焊现象。但浸焊工艺技术的焊接质量不高，需要补焊修正；当焊槽温度控制不当时，会导致印制板起翘、变形、元件损坏。

2. 波峰焊技术

波峰焊技术是让插装好元器件的印制板的焊接面直接与融化状态的高温液态锡的波峰接触，从而达到焊接目的。焊接过程中高温液态锡保持一个斜面，并由特殊装置使液态锡形成一道道类似波浪的现象，所以叫"波峰焊"。波峰焊主要用于传统通孔插装印制电路板的电装工艺，以及表面组装与通孔插装元器件的混装工艺。波峰焊技术的示意图如图 3-14 所示。

图 3-14　波峰焊技术示意

（1）波峰焊技术的工艺流程

①焊前准备。焊前要将元器件引脚搪锡、成型，准备印制电路板和清洁。

②元器件插装。根据电路要求，将已成型的有关元器件插装在印制电路板上，一般采用流水线作业。

③喷涂助焊剂。将插装元器件的印制板通过运输带送入喷涂助焊剂的装置，将助焊剂均匀地喷涂在电路板和元器件的引脚上，以清除氧化物，增加可焊性。

④预热。对已喷涂助焊剂的印制板进行预热，以去除印制板上的水分，激活助焊剂，以减少波峰焊接时给印制电路板带来的热冲击，提高焊接质量。一般预热温度为 70～90℃，预热时间为 40s。可采用热风加热和红外线加热的方式进行预热。

⑤波峰焊接。传送装置将印制板送入焊料槽，由机械泵源源不断地泵出熔融焊锡，形成一股平稳的焊料波峰与印制板接触，以完成焊接过程。

⑥冷却。焊接后必须进行冷却处理，一般用风扇进行冷却。使用风扇进行冷却的原因，一是使焊点迅速凝固，二是避免长时间高温对元器件和印制板造成损伤。

⑦清洗。在印制板冷却后，对印制板上残留的助焊剂、废渣和污物进行清洗，以免日后残留物侵蚀焊点而影响焊接质量。

（2）波峰焊技术的特点

波峰焊接是借助锡泵把熔融的焊锡不断垂直向上地朝狭长出口涌出，形成 10～40mm 高的波峰。这样使焊锡以一定的速度与压力作用于 PCB 上，充分渗透待焊的元器件脚与 PCB 板之间，使之完全湿润并进行焊接。波峰焊接的电路板与波峰顶部接触，无任何氧化物和污染物。因此，波峰焊接质量较高，并且能实现大规模生产。它与浸焊工艺技术相比，可明显减少漏焊的比率。由于焊料波峰的柔性，即使 PCB 不够平整，只要翘曲度在 3% 以下，仍可使焊接质量良好。

波峰焊技术的效率高，最适合单面印制板的大批量生产，且焊接温度、时间、焊料和助焊剂的用量能够得到较好的控制。但波峰焊容易造成焊点的桥接现象，需要补焊修正。

3. 再流焊技术

再流焊又称回流焊，主要用于贴片元器件的焊接。

这种焊接技术是预先将焊料加工成粉末状的颗粒，并拌以适当的液态粘合剂，使之成为糊状的焊锡膏；然后将焊锡膏涂到电路板的焊盘上，再把贴片元器件贴放到相应的位置，焊锡膏具有一定的黏性，能使元器件固定；最后再将贴装好元器件的印制板送入再流焊设备中加热，使焊膏中的焊料熔化而再次浸润流动，达到将元器件焊接到印制板上的目的。

（1）再流焊技术的工艺流程

①焊前准备。在焊接前，准备好所需焊接的印制电路板、贴片元器件等材料以及焊接工具，并将粉末状焊料、助焊剂、黏合剂制成糊状焊锡膏。

②点锡膏。使用手工、半自动或自动丝网印刷机，如同油印一样将焊膏印到印制板上。

③贴装（印刷）SMT 元器件。用手工或自动化装置将 SMT 元器件粘贴到印制电路板上，使它们的电极准确地定位于各自的焊盘。这是焊锡膏的第一次流动。

④加热、再流。将贴装好 SMT 元器件的电路板送入加热炉，根据焊膏的熔化温度，加热焊膏，使焊锡膏熔化而在被焊工件的焊接面再次流动，达到将元器件焊接到印制电路板上的目的。由于焊膏在贴装（印刷）SMT 元器件过程中已流动过一次，焊接时的这次熔化流动是第二次流动，故称为再流焊。再流焊区的最高温度应控制在使焊膏熔化，且使焊膏中的助焊剂和粘合剂气化并排掉。再流焊的加热方式通常有红外线辐射加热、激光加热、热风循环加热、热板加热及红外光束加热等方式。

⑤冷却处理。焊接完毕，及时将焊接板冷却，避免因长时间的高温而损坏元器件和印制板，并保证焊点的稳定连接。一般用冷风进行冷却处理。

⑥检验测试。进行电路检验测试，判断焊点连接的可靠性及有无焊接缺陷。

⑦修复、整形。当焊接点出现缺陷时，及时进行修复并对电路板进行整形。

⑧清洗、烘干。修复整形后，对印制板面残留的焊剂、废渣和污物进行清洗，以免日后残留物侵蚀焊点而影响焊点的质量。然后进行烘干处理，以去除板

面的水分并涂敷防潮剂。

（2）再流焊技术的特点

①再流焊的元器件不直接浸渍在熔融的焊料中，所以被焊元器件受到的热冲击小，不会因为过热而造成元器件的损坏。

②能在前导工序里控制焊料的施加量，减少了虚焊、桥接等焊接缺陷，所以焊接质量好，焊点的一致性好，可靠性高。

③再流焊的焊料是商品化的焊锡膏，能够保证正确的组分，一般不会混入杂质，而且是一次性使用，不存在再次利用的情况，因而焊料很纯净，保证了焊点的质量。

④再流焊的外部加热热源可以对电路板采用局部加热，因此能在同一基板上采用不同的焊接方法进行焊接。

⑤工艺简单，返修的工作量很小。

（三）SMT 表面安装技术

1. SMT 概述

（1）什么是 SMT

SMT 就是 Surface Mount Technology，即表面贴装技术：一种现代的电路板组装技术，它实现了电子产品组装的小型化、高可靠性、高密度、低成本和生产自动化。目前，先进的电子产品，特别是在计算机及通讯类电子产品组装中，已普遍采用表面贴装技术。在我国电子行业标准中称之为表面组装技术，也常叫作表面安装技术或表面装配技术。表面组装是将电子元器件贴装在印制电路板表面（而不将它们插装在电路板的孔中）的一种装联技术。

（2）SMT 的历史

表面贴装不是一个新的概念，它源于较早的工艺，如平装和混合安装。电子线路的装配，最初采用点对点的布线方法，而且根本没有基片。第一个半导体器件的封装采用放射形的引脚，将其插入已用于电阻和电容器封装的单片电路板的通孔中。20 世纪 50 年代，平装的表面安装元件应用于高可靠的军方；20 世纪 60 年代，混合技术被广泛应用；20 世纪 70 年代，无源元件被广泛使用；20 世纪 90 年代，有源元件被广泛使用。21 世纪以来，SMT 发展迅速，应用广泛，已成为现代电子信息产品制造业的核心技术，在许多领域中已经完全取代传统的电子组装技术。

（3）SMT 的特点

SMT 的组装密度高、电子产品体积小、重量轻。贴片元件的体积和重量只有传统插装元件的 1/10 左右，一般采用 SMT 之后，电子产品的体积会缩小40% ～ 60%，重量会减轻 60% ～ 80%。SMT 产品可靠性高、抗振能力强；焊点缺陷率低，高频特性好；减少了电磁和射频干扰，且易于实现自动化，提高生产效率，可降低的成本达 30% ～ 50%，节省了材料、能源、设备、人力和时间等。

（4）SMT 的优势

电子产品追求小型化，以前使用的穿孔插件元件已无法缩小；电子产品功能更完整，所采用的集成电路（IC）已无穿孔元件，特别是大规模高集成 IC，不得不采用表面贴片元件；产品批量化，生产自动化，厂方要以低成本高产量，出产优质产品以迎合顾客的需求及加强市场竞争力；电子科技革命势在必行：电子元件的发展，集成电路（IC）的开发，半导体材料的多元应用等，都使追逐国际潮流的 SMT 工艺尽显优势。

（5）SMT 与 THT 的区别

SMT 与传统 THT（插孔安装）的根本区别是：SMT 重视"贴"，THT 重视"插"，且元器件完全不一样。THT 与 SMT 的安装尺寸比较如图 3–15 所示，两者间的区别如表 3–4 所示。

图 3–15　THT 与 SMT 的安装尺寸比较

表 3–4　THT 和 SMT 的区别

类型	缩写	元器件	基板	焊接	安装方法
通孔插装	THT	单、双列直插 IC，针阵列 PGA，有引线电阻、电容	采用 2.54mm 的网格设计，通孔孔径为 0.8~0.9mm	波峰焊，浸焊，手工焊	穿孔插入
表面安装	SMT	SO、QFP、BGA 等，尺寸比 DIP 要小许多倍，片式电阻、电容	采用 1.27mm 的网格设计或更细的设计，通孔孔径为 0.3~0.5mm，布线密度高	再流焊，波峰焊，手工焊	表面贴装

（6）与 SMT 有关的技术组成

①电子元件、集成电路的设计制造技术。

②电子产品的电路设计技术。

③电路板的制造技术。

④自动贴装设备的设计制造技术。

⑤电路装配制造工艺技术。

⑥装配制造中使用的辅助材料的开发生产技术。

2. SMT 工艺

基本工艺构成要素：丝印（或点胶）→贴装→固化→回流焊接→清洗→检测→返修。

（1）丝印

丝印的作用是将焊膏或贴片胶漏印到 PCB 的焊盘上，为元器件的焊接做准备。所用设备为丝印机（丝网印刷机），位于 SMT 生产线的最前端。

（2）点胶

点胶是将胶水滴到 PCB 的固定位置上，其主要作用是将元器件固定到 PCB 板上。所用设备为点胶机，位于 SMT 生产线的最前端或检测设备的后面。

（3）贴装

贴装的作用是将表面组装元器件准确安装到 PCB 的固定位置上。所用设备为贴片机，位于 SMT 生产线中丝印机的后面。

（4）固化

固化的作用是将贴片胶融化，从而使表面组装元器件与 PCB 板牢固地粘接在一起。所用设备为固化炉，位于 SMT 生产线中贴片机的后面。

（5）回流焊接

回流焊接的作用是将焊膏融化，使表面组装元器件与 PCB 板牢固地粘接在一起。所用设备为回流焊炉，位于 SMT 生产线中贴片机的后面。

（6）清洗

清洗的作用是将组装好的 PCB 板上面的对人体有害的焊接残留物去除，如助焊剂等。所用设备为清洗机，位置可以不固定，可以在线，也可不在线。

（7）检测

检测的作用是对组装好的 PCB 板进行焊接质量和装配质量检测。所用设备有放大镜、显微镜、在线测试仪（ICT）、飞针测试仪、自动光学检测（AOI）、X–RAY 检测系统、功能测试仪等。位置根据检测的需要，可以配置在生产线合适的地方。

（8）返修

返修的作用是对检测出现故障的 PCB 板进行返工。所用工具为烙铁、返修工作站等。配置在生产线中的任意位置。

3. 表面组装元器件 SMC（SMD）

优点：无引线或短引线；直接贴装在印制电路板表面，将电极焊接在与元器件同一面的焊盘上。

缺点：元器件与印制电路板表面非常贴近，与基板间隙小，清洗困难等。

（1）电阻器

①分类。按封装外形分，可分为片状和圆柱状两种。

②片式电阻的外形及特点。片式电阻由元件端子（焊接端）及本体组成，一般为黑色，外形如图 3-16 所示，外形尺寸如图 3-17 所示，参数如表 3-5 所示。大于 0402 尺寸的，一般均有丝印标示其特性值，主要参数有阻值、误差、额定功率、尺寸等，一般均用"R"表示。

图 3-16　片式电阻外形　　　　图 3-17　外形尺寸

表 3-5　片式电阻尺寸对应

公制 名称	英制 名称	元件长度 L（mm/in）	元件宽度 W（mm/in）	元件高度 H（mm/in）
0603	0201	0.6/0.02	0.3/0.01	0.25/0.01
1005	0402	1.0/0.04	0.5/0.02	0.35/0.014
1608	0603	1.6/0.06	0.8/0.03	0.45/0.018
2012	0805	2.0/0.08	1.25/0.05	0.6/0.024
3216	1206	3.2/0.12	1.6/0.06	0.6/0.024

③片式电阻的标识。电阻的阻值及误差，一般可用数字标记印在电阻器上。

A. 误差小于 5% 的贴片电阻一般用三位数表示：前两位为有效数字，第三位表示加"0"的个数。例如，丝印"103"，表示电阻值为"10"后再加 3 个"0"，即 10000Ω（10kΩ）；丝印"112"，表示电阻值为"11"后再加 2 个"0"，即 1100Ω（1.1kΩ）。

B. 精密电阻通常用四位数字表示，前三位为有效数字，第四位表示加"0"个数。例如，3301，表示"330"后加 1 个"0"，即 3300Ω（3.3kΩ）；2012，表示"201"后加 2 个"0"，即 20100Ω（20.1kΩ）。

C. 对于阻值较小的（小于 10Ω）电阻，在两个数字之间补加"R"。例如，丝印为"6R8"，表示"6.8Ω"；丝印为" R39"，表示"0.39Ω"；"000"，表示"0Ω"（跨接线）。

④片式电阻的功率。片式电阻的功率表示如 1/8W、1/16W 等。

⑤排阻。排阻由多个电阻组成，其外形如图 3-18 所示，其他同前述。

图 3-18　排阻外形

（2）电容器

①分类。电容器可分为陶瓷系列电容器和电解电容器。

②片式陶瓷电容的外形及特点。片式陶瓷电容由元件端子（焊接端）及本体组成，一般为灰色或淡黄色，外形如图 3-19 所示，外形尺寸如表 3-6 所示，无丝印，主要参数有容值、误差、耐压、尺寸等，一般均用"C"表示。

图 3-19　陶瓷电容外形

表 3-6　电容器尺寸对应

公制名称	英制名称	元件长度 L（mm/in）	元件宽度 W（mm/in）	元件高度 H（mm/in）
0603	0201	0.6/0.02	0.3/0.01	0.25/0.01
1005	0402	1.0/0.04	0.5/0.02	0.35/0.014
1608	0603	1.6/0.06	0.8/0.03	0.45/0.018
2012	0805	2.0/0.08	1.25/0.05	0.6/0.024
3216	1206	3.2/0.12	1.6/0.06	0.6/0.024

③铝电解电容的外形与特点。铝电解电容因其外形，又被称为水桶电容，由塑胶底座、金属封装外壳及元件引脚组成，元件有极性，金属外壳上有标示一侧为"–"极（元件底座为斜边侧为"+"，底座形状应与 PCB 板上的丝印对应）。

④钽电解电容的外形与特点。钽电解电容外形如图 3–20 所示。钽电解电容与片式陶瓷电容比较，有方向，有标识的一侧为"+"极，生产时应注意本体上有标示一端应与 PCB 上的丝印相对应，且钽电解电容有金属焊脚。

⑤电容的标识。片式陶瓷电容的标识有二种，一种是直接用单位表示，如：10pF、100nF 等。一种是类似阻值的数字标识方法，如：103，表示 10×10^3pF，即 10nF；301，表示 30×10^1pF，即 300pF。

铝电解电容元件一般采用直接标识，包含元件容值（以 μF 为单位）及耐压值。例如，丝印为"100　16V"的电解电容，表示容量为 100μF，耐压值为 16V。

钽电解电容的标识类似片式陶瓷电容的数字标识法，例如，丝印为"106"的电容，对应电容容值为 10×10^6pF=10μF。

（3）片式电感

片式电感无极性，用"L"表示。片式电感的外形如图 3–21 所示。

图 3-20　钽电解电容外形

图 3-21　片式电感外形

（4）二极管

①普通二极管。普通二极管如图 3–22 所示。二极管有片状塑料封装和无引线

柱形玻璃封装两种,具有单向导通性,用"D"表示。二极管的安装应注意方向性,一般情况下,本体上有标示的一端为负(−)极。装配时为确保方向正确,应使用万用表判断元件方向,并对照 PCB 上的丝印,以确定二极管的贴装方向正确无误。

②发光二极管。发光二极管如图 3−23 所示。给其加上正向导通电压时,发光二极管会发光,用 LED 表示,其他同普通二极管。

(5)三极管

三极管的外形如图 3−24 所示。有二个引脚,具有方向性,贴装时注意与 PCB 的焊盘相对应。一般均有丝印区分以不同型号,对料时应特别注意核对元件的丝印,通常用"Q"表示三极管。

图 3−22　二极管外形　　　　图 3−23　发光二极管外形　　　图 3−24　三极管外形

(6)集成电路

①小外形封装(SO)。小外形封装(SO)按体宽和引脚间距的不同来分类有 SOP、SOL、SOW 几种,引脚大多数采用翼形设计,如图 3−25 所示。

图 3−25　小外形封装 SO 外形

②方形扁平封装(QFP)。方形扁平封装的 IC 如图 3−26 所示。其特点是四边引脚,有较高的封装率,能提供微间距。但工艺要求高,附带翼形引脚问题,尤其是在微间距应用上。

③有引脚塑封芯片封装(PLCC)。有引脚塑封芯片封装如图 3−27 所示。引脚一般采用 J 形设计,16~100 脚,间距采用标准 1.27mm 式,可使用专用插座,属于成熟技术。

图 3-26　QFP 的外形

图 3-27　PLCC 的外形

④球栅阵列封装（BGA）。球栅阵列封装如图 3-28 所示。其封装技术是为提高组装密度的一个革新。采用全面积阵列球形引脚的方式。球形阵列在器件底面上有完全分布和部分分布两种形式。完全分布的接点可以较多，但厚度也较高。接点多为球形，在陶瓷 BGA 上有采用柱形的。常用焊球间距有 1.0mm，1.27mm 和 1.5mm。引脚数目已高达 800 多。

图 3-28　BGA 的外形

4. 表面组装元器件的包装

（1）散装（或称袋装）

无引线且无极性的表面组装元件可以散装，它可供手工贴装、维修等使用。

（2）编带包装

将贴片元件按一定方向逐只装入纸编带或塑料编带孔内并封装，再卷绕在带盘上，适合全自动贴片机使用。

（3）托盘包装

将表面组装元件按一定方向排列在塑料盒中，适合夹具式贴片机使用。

（4）管式包装

管式包装主要用于 SO 等集成电路，适合于品种多、批量小的产品。

5. SMT 元器件的手工焊接与拆焊

（1）工艺要求

①操作人员应戴防静电腕带。

②一般要求采用防静电恒温烙铁，采用普通烙铁时必须接地良好。

③焊接时不允许直接加热 SMC 元件的焊端和元器件引脚的脚跟以上部位，焊接时间不超过 3s/次，同一焊点的不超过 2 次，以免受热冲击而损坏元器件。

④烙铁头始终保持光滑，无钩、无刺。

⑤烙铁头不得重触焊盘，不要反复长时间在同一焊点加热，对同一焊点，如果第一次未焊妥，要稍作停留，再进行焊接。

⑥不得划破焊盘及导线。

⑦拆卸 SMD 器件时，应等到全部引脚完全融化时再取下器件，以防破坏器件的共面性。

（2）用电烙铁进行焊接与拆焊

①焊接电阻、电容、二极管一类两端元件时，要先在一个焊盘上镀锡，镀锡后电烙铁不要离开焊盘，使焊盘保持熔融状态，快速用镊子夹着元器件放到焊盘上，依次焊好两个焊端。

②焊接晶体管、集成电路时，先把芯片放在预定的位置上，用少量焊锡焊住芯片的对角进行定位，待器件固定准确后，再将其他引脚逐个焊牢。

③用电烙铁拆焊时，在欲要拆卸元件的两边脚位上增加适当的焊锡，用烙铁头对准该元件两边焊脚上的焊锡快速移动熔化，待两边焊锡同时熔化后，用烙铁头将焊锡和元件一同带出，然后清理焊盘上的焊锡残渣。

（3）用热风枪进行焊接与拆焊

①用热风枪焊接。用电烙铁在焊点上加注少许焊锡，然后将欲焊接的元器件放置到焊接的位置，注意要放正，不可偏离焊点，用热风嘴沿着元器件周边迅速移动，均匀加热全部引脚焊盘，就可以完成焊接。

②用热风枪拆焊。一手用镊子夹住元器件，另一手拿稳热风枪手柄，使热风嘴与欲拆卸的元器件保持垂直，距离为 1~2cm，沿元器件周边迅速移动，待元器件脚位上焊锡熔化后用镊子将元器件轻轻取下。

6. SMT 焊接质量

（1）SMT 典型焊点

SMT 焊接质量要求同 THT 基本相似，要求焊点的焊料连接面呈半弓形凹面，焊盘与焊件交接处平滑，接触角尽可能小，无裂纹、针孔、夹渣，表面有光泽且光滑。

由于 SMT 元器件尺寸小，安装精确度和密度高，焊接质量要求更高。另外，还有一些特有缺陷，如立片（曼哈顿现象）等。图 3-29 分别是矩形贴片和 IC 贴片的典型焊点图。

（a）矩形贴片焊点形状　　　　　　　（b）IC 贴片焊点形状

图 3-29　矩形贴片和 IC 贴片焊点图示

（2）SMT 常见的焊点缺陷

SMT 常见的焊点缺陷如图 3-30 所示，有焊料过多、漏焊、立焊、焊球、桥接等。

图 3-30　几种常见的 SMT 焊接缺陷

7. SMT 的静电防护技术

（1）SMT 的静电产生

当两件绝缘体相互摩擦，然后分开，静电便会自动产生并分布于物件的表面。这些静电虽然电压颇高，但电流很少，所以对人体不会构成伤害，但会对静电敏感性元器件造成损害或潜伏性损坏。因此，一定要用一些完善的设施及方法来防止和避免 SMT 的电子元器件被静电破坏。

（2）SMT 的静电防护

①操作时，必须在有防静电设施的环境中正确地戴上防静电手带。所有工具及仪器必须接地，并用三线插头。

②必须用有防静电的胶管、胶袋及胶箱储藏或搬运元器件。

③时常保持环境清洁，不可在工作台上放置能产生静电的物品，如胶料、皮革、纤维质等。

④当须接触静电敏感性元器件时，除必须有防静电设备外，还只可拿起元器件本体，避免接触元器件引脚，即使已安装在线路板上也不例外。

⑤切勿使元器件在台上滑行或摩擦，尤其是胶板台面。要在防静电地面或工作台上操作静电敏感元件。

第四章　DT9205A 数字万用表的组装与调试

　　数字万用表也称数字多用表（DMM，Digital Multi-Meter），是一种十分常用而又非常典型的电子设备，具有测试功能多、准确度高、测量速度快、过载能力强、输入阻抗大、功耗低、读数方便等特点。可以用来直接测量直流电压（DCV），交流电压（ACV），直流电流（DCA），交流电流（ACA），电阻（Ω），电容（C），二极管正向压降（UF），三极管电流放大倍数（hFE）等，还可以通过功能扩展后用来测量电感（L）、频率（f）、温度（T）等参数，是广大电子设备装配与调试岗位的工作人员及电工与电子爱好者必备的电子测量仪表。

　　数字万用表 DT9205A 是一款功能齐全、可靠性高的手持式万用表（图 4-1）。这款设备具有 3 ½ 位 LCD 液晶显示，以 7106 单片 A/D 转换器为核心，可以测量直流电流和电压、交流电流和电压、电阻、电容、二极管、三极管 hFE 及电路通断等。此外，它还具有数据保持和延时自动关机功能。DT9205A 型数字万用表有 32 挡量程，使用时黑表笔均接在"COM"口上，如果测量交流、直流电压，电阻，通断，则红表笔接在"VΩ"口上；如果测量"200mA"以下交流、直流电流，则红表笔接在"A"口上，此时表内接有保险管，过载时保险管会烧毁以自我保护。这款万用表的应用范围广泛，可以用于工程设计、实验室、生产试验、工场事务、野外作业和工业维修等场所。它具有防烧性能优越的特点，可以自动关机。它还采用了 COMS 集成电路、双积分原理 A/D 转换、自动校零、自动极性选择和超量程指示等功能。此外，它还具有通断测试高品质蜂鸣音响及发光二极管指示等功能。DT9205A 型数字万用表是一款功能强大、操作方便、读数准确的万用表，可以适用于各种场合。

　　数字万用表的种类很多，市场上能见到的不同品牌与型号的数字万用表可达上百种，但基本组成与测量原理是相同的，其中 DT9205A 是一款基本功能完善、价格低廉、便于安装与调试，具有较高性价比的数字万用表，深受广大电子技术人员的喜爱，已成为高级电子产品学习与装调训练的首选。

图 4-1　DT9205A 数字万用表实样

一、产品标准

DT9205A 数字万用表的功能与性能指标如下所述。

1. 基本功能（表 4-1）

表 4-1　DT9205A 数字万用表的基本功能

基本功能	测量范围	基本量程	准确度 ± （% 读数 + 字数）
直流电压	200mV ～ 1000V	200mV/2V/20V/200V/1000V	±(0.5 %+3d)
交流电压	200mV ～ 750V	200mV/2V/20V/200V/750V	±(1.0 %+5d)
直流电流	2 mA ～ 20A	2mA/20mA/200mA/20A	±(1.0 %+3d)
交流电流	2 mA ～ 20A	2mA/20mA/200mA/20A	±(1.5 %+5d)
电　阻	200 Ω ～ 200M Ω	200 Ω/2k Ω/20k Ω/200k Ω/2M Ω/20M Ω/200M Ω	±(1.0 %+3d)
电　容	2nF ～ 200μF	2nF/20nF/200nF/2μF/200μF	±(4.0 %+5d)

注：准确度中的字数"d"称为"数位分辨率"。表示数字测量仪器的最小显示单位，也就是数字显示屏幕最小位次为"1"的数值。例如，用量程1000V的DCV万用表测量一个直流电压，测得值是100.0V。则精度 $A=±(0.5\%×100.0+3d)=±(0.50+3d)=±0.8$。误差为 X，则 $-0.8<X<+0.8$。

2．特殊功能（表 4–2）

表 4–2　DT9205A 数字万用表的特殊功能

特殊功能	参数	特殊功能	功能说明
输入阻抗	10 MΩ	二极管测试	可测正向导通电压 U_F
采样频率	2.5 次 /s	三极管测试	可测电流放大系数 h_{FE}
交流频响	40 ～ 400 Hz	数据保持	有（显示保持符号）
显示方式	液晶屏 3 ½	自动关机	有（约 14 分钟）
最大显示	1999	通断测量	有（蜂鸣器报警）
工作环境	0 ～ 40℃	极性显示	直流自动负极性显示 "—"
电　　源	9V 电池（6F22）	低电压显示	有（显示低压符号）

二、DT9205A 数字万用表的元器件检测

1．DT9205A 数字万用表的元件清单

（1）电阻器

DT9205A 数字万用表套件中所用电阻在 2 张纸卡上，如图 4–2 所示，共 62 只，其中误差为 ±0.3% 的精密电阻 17 只，误差为 ±1% 的电阻 14 只，误差为 ±5% 的电阻 31 只。

对于 17 只误差为 ±0.3% 的精密电阻，在检测过程中尤其应当注意，它们的误差大小直接影响所装数字万用表的电压挡、电流挡、电阻挡的测量精度。另外 14 只误差为 ±1% 的电阻，其误差也直接影响着电容挡、交流电压挡与交流电流挡等项目的测量误差。在检测过程中，对于误差范围不符合要求的电阻应剔除。

除此之外，另外还有 2 只热敏电阻，3 只电位器，1 只锰铜丝电阻。各个电阻的规格型号如表 4–3 所示。

图 4–2　DT9205A 数字万用表中所用的电阻

表 4-3   DT9205A 数字万用表中所用电阻的规格

名称	规格型号	单位	数量	位号	色环编码	备注
插件电阻 0.5%	1/2W 0.97 Ω	只	1	R61	黑—白—紫—银—绿	
插件电阻 0.3%	1/4W 9 Ω	只	1	R62	白—黑—黑—银—蓝	
插件电阻 0.3%	1/4W 90 Ω	只	1	R63	白—黑—黑—金—蓝	
插件电阻 0.3%	1/4W 100 Ω	只	2	R65/R48	棕—黑—黑—黑—蓝	R48：0.3% 代 1%
插件电阻 0.3%	1/4W 900 Ω	只	2	R13/R47	白—黑—黑—黑—蓝	R13 可用 910 替换
插件电阻 0.3%	1/4W 1 k Ω	只	1	R26	棕—黑—黑—棕—蓝	
插件电阻 0.3%	1/4W 9 k Ω	只	2	R25/R46	白—黑—黑—棕—蓝	R46：0.3% 代 1%
插件电阻 0.3%	1/4W 90 k Ω	只	2	R24/R45	白—黑—黑—红—蓝	R45：0.3% 代 1%
插件电阻 0.3%	1/4W 900 k Ω	只	3	R23/R34/R44	白—黑—黑—橙—蓝	R34/R44：0.3% 代 1%
插件电阻 0.3%	1/2W 4.5M Ω	只	2	R21/R22	黄—绿—黑—黄—蓝	
插件电阻 1%	1/4W 200 Ω	只	1	R54	红—黑—黑—黑—棕	
插件电阻 1%	1/4W 1.87 k Ω	只	1	R40	棕—灰—紫—棕—棕	
插件电阻 1%	1/4W 1.91 k Ω	只	1	R52	棕—白—棕—棕—棕	
插件电阻 1%	1/4W 3 k Ω	只	1	R29	橙—黑—黑—棕—棕	
插件电阻 1%	1/4W 4.11 k Ω	只	1	R53	黄—棕—棕—棕—棕	
插件电阻 1%	1/4W 10 k Ω	只	2	R50/R55	棕—黑—黑—红—棕	
插件电阻 1%	1/4W 11 k Ω	只	1	R59	棕—棕—黑—红—棕	
插件电阻 1%	1/4W 30 k Ω	只	1	R12	橙—黑—黑—红—棕	
插件电阻 1%	1/4W 39.2 k Ω	只	2	R51/R56	橙—白—红—红—棕	
插件电阻 1%	1/4W 76.8 k Ω	只	1	R58	紫—蓝—灰—红—棕	
插件电阻 1%	1/4W 168 k Ω	只	1	R57	棕—蓝—灰—橙—棕	
插件电阻 1%	1/4W 990 k Ω	只	1	R49	白—白—黑—橙—棕	
插件电阻 5%	1/4W 10 Ω	只	1	R41	棕—黑—黑—金	
插件电阻 5%	1/4W 1 k Ω	只	1	R36	棕—黑—红—金	
插件电阻 5%	1/4W 2 k Ω	只	2	R14/R16	红—黑—红—金	
插件电阻 5%	1/4W 6.8 k Ω	只	2	R28/R64	蓝—灰—红—金	
插件电阻 5%	1/4W 10 k Ω	只	2	R02/R11	棕—黑—橙—金	
插件电阻 5%	1/4W 30 k Ω	只	2	R04/R39	橙—黑—橙—金	
插件电阻 5%	1/4W 47 k Ω	只	1	R07	黄—紫—橙—金	
插件电阻 5%	1/4W 100 k Ω	只	6	R06/R10/ R30–R32/R37	棕—黑—黄—金	
插件电阻 5%	1/4W 220 k Ω	只	5	R01/R09/ R33/R42/R43	红—红—黄—金	
插件电阻 5%	1/4W 470 k Ω	只	4	R17–R19/R15	黄—紫—黄—金	
插件电阻 5%	1/4W 1 M Ω	只	3	R03/R08/R20	棕—黑—绿—金	
插件电阻 5%	1/4W 2 M Ω	只	1	R38	红—黑—绿—金	
插件电阻 5%	1/4W 10 M Ω	只	1	R05	棕—黑—蓝—金	
热敏电阻 MZ31	600-900 Ω	只	2	R27/R35		
RM-065 电位器	220 Ω (221)	只	3	VR1–VR3		
锰铜丝电阻	0.01 Ω	只	1	R60		(1.6*41.35/ 通用)

（2）电容器

DT9205A 数字万用表中所用的电容器共 18 只，其中瓷片电容 2 只，金属化电容 10 只，电解电容 6 只，具体规格型号如表 4-4 所示。

表 4-4　DT9205A 数字万用表中所用电容器的规格

名称	规格型号	单位	数量	位号	备注
瓷片电容	47 pF	只	1	C13	
瓷片电容	100 pF	只	1	C08	
金属化电容 CBB	10 nF (103)	只	4	C14 ～ C17	
金属化电容 CBB	22 nF (223)	只	1	C05	
金属化电容 CBB	100 nF /100V (104)	只	2	C06/C07	
金属化电容 CBB	220 nF /63V (224)	只	3	C03/C04/C12	
电解电容 4*7	3.3 μF/50V	只	2	C10/C11	
电解电容 4*7	10 μF/25V	只	3	C09/C18/C19	
电解电容 4*7	47 μF/16V	只	1	C01	

（3）半导体器件

DT9205A 数字万用表中所用的半导体器件共 18 只，其中二极管有 14 只，三极管 4 只，具体型号如表 4-5 所示。

表 4-5　半导体器件的型号

名称	规格型号	单位	数量	位号	备注
DIP 二极管	1N4007	只	8	D07 ～ D14	
二极管 D0-35	1N4148 插件	只	6	D01 ～ D05/D15	
DIP 三极管	9013 T0-92	只	1	Q3	
DIP 三极管	9014 T0-92	只	2	Q2/Q4	
DIP 三极管	9015 T0-92	只	1	Q1	

（4）其他元器件

DT9205A 数字万用表中所用的其他元器件如表 4-6 所示。其中，ICL7106A 芯片已经绑定在印制线路板上，这种方式一般称为 COB（Chip On Board），绑定后经过测试显示正常。另外 3 块集成电路也已经焊接在印制板，不需另外焊接。

表 4-6　其他元器件

名称	规格型号	单位	数量	备注
印制电路板	DT9205A 印制板	块	1	COB 邦贴板
集成电路 (COB-42)	IC1：ICL7106A	只	1	已绑贴在印制板上
集成电路 (SOP-8)	IC2/IC3：LM358	只	2	已焊在印制板上
集成电路 (SOP-14)	IC4：LM324	只	1	已焊在印制板上
测试笔插座	920 系	只	4	
电容器插座	890 系 /920 系 /CZ12	只	2	
晶体管插座	920.1 系 /CZ09	只	1	
保险丝夹	"R" 型（较矮的）	只	2	
屏蔽弹簧	WJ921	只	1	用于印制板地线与后盖屏蔽纸的连接
自锁开关	8.5*8.5/2P2T	只	2	电源开关 / 数据保持
电池线	6.5cm 红色 / 黑色	根	2	
玻璃保险丝管	F 0.5A/250V 5*20	只	1	
面板大标签贴	功能开关指示标签	张	1	贴于面板下部
面板小标签贴	型号标签	张	1	贴丁面板上端
后盖屏蔽纸贴	40*40 银白	张	1	贴于后盖中上部
三端蜂鸣器总成	27mm，MJ05A-830B.1	只	1	包括蜂鸣器片、引线等
液晶屏总成	92 三位半双边反射 LD10003	套	1	包括液晶屏、框、座、镜片、框纸、电缆纸等
双面发泡导电胶条	51.5*3.2*2.5	条	2	用于印制板与液晶屏电缆纸之间的电路连接
导电胶条下夹板		块	1	
导电胶条上压板		块	1	
折叠簧片 WJ931	92 系列	只	2	用于压装液晶屏齿轮
转盘	MJ12C-5800 黑色	个	1	转盘开关总成
转盘框	MJ12C-5800 黑色	个	1	转盘开关总成
V 型二接触簧片	A59	个	5	转盘开关总成
转盘齿轮弹簧	830B 系列通用 WJ103	个	2	转盘开关总成
钢珠（转盘齿轮用）	φ3mm	个	2	转盘开关总成
转盘开关旋钮	MJ01D-920.1	个	1	转盘开关总成
自锁开关按钮	MJ01D-920.1	个	2	用于 2 只自锁开关
机制螺丝	2*8 白色	只	2	锁液晶电缆纸
螺母	M2 白色	只	2	锁液晶电缆纸
自攻螺丝	2*5 黑色	只	2	锁固定 LCD 的折叠簧片
自攻螺丝	2*6 黑色	只	4	锁转盘开关
自攻螺丝	3*8 黑色	只	1	锁线路板
自攻螺丝	3*12 黑色	只	3	锁后盖
9V 叠层电池	9V	只	1	
前盖	MJ01A-920.1 黑色	个	1	
后盖	MJ01A-920.1 黑色	个	1	
测试表笔 WB-05	3.5*20*650mm(红 / 黑)	付	1	
装配图	DT9205A 装配图	张	1	
使用说明书	92 系列中文使用说明书	份	1	
包装彩盒	215*138*53 (92 系)	只	1	

2．DT9205A 数字万用表的元件识别

（1）元件识别

DT9205A 数字万用表中的元器件外型如图 4-3 所示。

图 4-3　DT9205A 数字万用表中的元器件外型识别

（2）电阻值识别

电阻的参数有 2 种色环表示法，普通电阻用 4 色环表示，精密电阻用 5 色环表示，如图 4-4 所示。

图 4-4　电阻值的色环表示法

电阻各色环所表示的含义如表 4-7 所示，根据此表可以计算电阻的阻值与精度。

表 4-7　电阻值的色环意义与识别

第1色环 第1位数		第2色环 第2位数		第3色环 （如果使用）		倍乘数		精度	
颜色	数字	颜色	数字	颜色	数字	颜色	倍数	颜色	数字
黑	0	黑	0	黑	0	黑	1	银	±10%
棕	1	棕	1	棕	1	棕	10	金	±5%
红	2	红	2	红	2	红	100	棕	±1%
橙	3	橙	3	橙	3	橙	1k	红	±2%
黄	4	黄	4	黄	4	黄	10k	橙	±3%
绿	5	绿	5	绿	5	绿	100k	绿	±0.5%
蓝	6	蓝	6	蓝	6	蓝	1M	蓝	±0.3%
紫	7	紫	7	紫	7	金	0.1	紫	±0.1%
灰	8	灰	8	灰	8	银	0.01		
白	9	白	9	白	9				

（3）电容值识别法

部分电容的电容值直接标在电容上，而大部分电容的容量及最大耐压是按表 4-8 中的电容参数表示法打印在电容上的。电容的常用单位为 pF（皮法），nF（纳法），μF（微法），它们之间的关系参见表 4-9 所示的公制单位换算。电容参数表示法中的第三位数字为倍乘数，亦即 0 的个数，单位为 pF。例如：224 表示

容量为 $22 \times 10^4 pF = 220000 pF = 0.22\mu F$。

表 4-8　电容参数的表示方法

倍乘数	数字	0	1	2	3	4	5	8	9
	倍乘	1	10	100	1k	10k	100k	0.01	0.1

表 4-9　公制单位换算

符号	名称	乘数	科学计数法	换算
p	皮	0.000000000001	10^{-12}	1000p=1n
n	纳	0.000000001	10^{-9}	1000n=1μ
μ	微	0.000001	10^{-6}	1000μ=1
m	毫	0.001	10^{-3}	1000=1k
—	个	1	100	1000k=1M
k	千	1000	10^3	—
M	兆	1000000	10^6	—

3．DT9205A 数字万用表的元件检测

元件参数的检测，在数字万用表的装配与调试过程中是极为重要的一个步骤，直接影响装配产品的质量指标。在装配产品的整机调试与维修过程中，若是因为元器件的误差过大而导致装配产品不能达到正常指标，则是非常难以检查的，甚至个别元件的问题也可能导致所装配的整个产品报废。因此，对元件检测必须高度重视。

（1）RLC 元件的检测

可用 RLC 数字测量电桥，检测电阻与电容元件的参数值，并做好记录。

在检测中要特别注意用于电路中分压、分流及作为基准电路等用途的精密电

阻的阻值是否符合精度要求，对不符合要求的元件应剔除，以保证数字万用表装配后的产品准确度与精度等级。个别装配的数字万用表的精度达不到要求，大多都是因为这些精密电阻的误差超过了范围，或者是将普通电阻安装在了这些精密电阻的位置而造成的。

另外，电容器的容量检测也不可忽视，特别是电路中用于时钟振荡的电容，A/D 变换电路的积分电容、基准电容、自动调零电容，定时关机电路的定时电容等，若这些电容的误差过大，将会直接影响相关电路功能的实现或正常工作。

（2）半导体器件的检测

可使用晶体管特性图示仪测试各二极管的正向、反向伏安特性曲线，测试三极管的输入特性与输出曲线，以判断这些半导体器件的性能，保证数字万用表的装配质量。

三、DT9205A 数字万用表的电路安装

1．焊接规范

合适的焊接方法是安装 DT9205A 数字万用表最重要的因素，合适的电烙铁也十分重要。推荐使用 30W 左右的内热式电烙铁，并随时保持烙铁头的清洁和镀锡。

（1）安全操作规程

①焊接时注意防护眼睛。

②焊锡中含有铅和其他有毒物质，所以在焊接过程中应避免焊锡触及口腔部位，并且在手工焊接后须清洁双手。

③焊接场所应有足够的通风，防止焊接过程中的烟雾对人体造成影响。

（2）元件安装

元器件的插入方向，在没有特别指明的情况下，所有元件的安装都必须从线路板正面装入，线路板上的元件装配符号图指出了每个元件的安装位置和安装方向。需要特别说明的是，在 DT9205A 数字万用表的安装中，从线路板反面装入的元器件只有 4 件：锰铜丝电阻、保险丝座、三端蜂鸣器和镀银弹簧，其余元器件均从正面插入。

电阻的装配应符合色环或数字方向一致的原则，无极性电容的安装方向也应尽量保持在一个方向，这样有利于后期的检查与读数工作。对于有极性的元器件，如电解电容器、二极管、三极管等，装配时要特别注意极性和管脚位置。另外，自锁开关的安装方向更不可装反，否则开关按下后的状态不正确。

（3）元件焊接

焊接时，推荐使用 63/37 铅锡合金松香芯焊锡丝，禁止使用酸性助焊剂焊锡丝！

焊接的方法如表 4–10 所示。

表 4-10　焊接的方法

序号	正确的焊接方法	不良的焊接方法
1	将电烙铁头靠在元件脚和焊盘的结合部（注：所有元件从焊接面焊接）	烙铁头位置不正确，则加热温度不够：焊锡不向被焊金属扩散生成金属合金
1	电烙铁 元件脚 焊接面 线路板	松香 电烙铁放置在不正确位置
2	若烙铁头上带有少量焊料，可使烙铁头的热量较快传到焊点上。将焊接点加热到一定的温度后，用焊锡触到焊接件处，熔化适量的焊料；焊锡丝应从烙铁头的对称侧加入	焊锡量不够：造成点不完整，焊接不牢固
2	电烙铁 焊锡丝 焊接面	焊锡 元件脚 缺口

序号	正确的焊接方法	不良的焊接方法
3	当焊锡丝适量熔化后迅速移开焊锡丝；当焊接点上的焊料流散接近饱满，助焊剂尚未完全挥发，也就是焊接点上的温度适当、焊锡最光亮、流动性最强的时刻，迅速移开电烙铁 	焊接过量：容易将不应连接的端点短接
4	焊锡冷却后，剪掉多余的焊脚，就得到了一个理想的焊接 	焊锡桥接：焊锡流到相邻通路，造成线路短路。这个错误需用烙铁通过桥接部位即可

2．焊接的注意事项

在插件完成后，先用一块软垫或海绵覆盖在插件的表面，反转线路板，用手指按住线路板再进行焊接，或者在每插一个零件后，将零件的两只脚掰开，这样在焊接线路板时，零件才不会从线路板上掉下来，如图4–5所示。但是对诸如自锁开关、电容器插座、晶体管插座、三端蜂鸣器、电源线、表笔插座等器件的焊接，应当逐一进行。

（a）插完所有的零件

（b）放在海绵垫上

（c）焊锡

（d）剪掉多余的焊脚

图4–5　元件焊接过程

3．安装说明

（1）PCB 板图

DT9205A 数字万用表印制板为双面板，如图4–6所示。图（a）为主要元器件的插入面，上面标有各元器件的安装位置，图（b）为主要元器件的焊接面。

（a）印制板正面（主要元器件的插入面）　　　　（b）印制板反面（主要元器件的焊接面）

图 4-6　DT9205A 数字万用表的印制板

（2）电路原理图

DT9205A 数字万用表电路原理图如图 4-7 所示。

（3）元件装配图

DT9205A 数字万用表元件装配图如图 4-8 所示。图中的 K 为开关，D 为二极管，Q 为三极管。

图 4-7 DT9205A 数字万用表的电路原理

图 4-8 DT9205A 数字万用表印制板的元件装配图

需要特别注意：元器件在插入印制板后，在焊接之前应与样机电路板仔细对照比较，检查各元器件的安装位置与参数有无错误，避免元器件焊接后再返工；同时检查自锁开关、二极管、三极管、电解电容等元器件的安装方向有无错误。印制电路板在拆焊与重焊过程中极易造成损坏，并因此而报废。

4. 特殊插装器件的安装

（1）锰铜线电阻的安装

DT9205A 数字万用表中有 1 只 0.01 Ω 的特殊电阻，安装在印制板的反面。它是用来测量 20A 大电流的分流电阻 R60，这个电阻由一根锰铜线构成，其阻值的大小与锰铜线的长度有关。0.01 Ω 的阻值需要在数字万用表的校验调试阶段进行调整，因此该电阻焊接后先不要剪去长出来的引脚。在调试时，若阻值稍微偏大，只要在锰铜线上加点焊锡或减少其长度即可使阻值降低；但若阻值偏小，而引脚又不能加长时就需要减小锰铜线的截面积才行，减小截面积的方法通常是用斜口钳在锰铜线上剪出若干凹槽，这样就可使阻值减少。当然，上述使阻值增加的处理方法要比使阻值减少的处理方法困难得多。

（2）自锁按键开关的安装

自锁按键开关有 2 只，1 只为电源通断开关，另 1 只为数据保持开关。所谓自锁，是指当它处于 OFF 位置时，按下开关，则它被锁定在 ON 位置，直到再次按下开关，它才会弹回到 OFF 位置。在装配与焊接这种自锁开关时，要特别注意开关的安装方向，它的侧面有一条凸起的标志线，用来表示各引脚的通断位置关系。装配前可用万用表测试各引脚的通断关系，以判别自锁开关的装配方向是否正确。

在焊接自锁开关时，它的安装方向不可接反，否则开关按下后不是接通电路而是断开电路。另外，安装的角度也要注意一下，必须保证与印制板垂直，不能有倾斜，否则线路板放入前盖面板后，开关的按钮不在面板位置孔的正中，这不仅影响美观，还影响开关操作。焊接时可在开关的 6 只引脚中先焊接一只引脚，然后盖上面板观察 2 只开关与面板上的位置是否都适配，适配后再焊上其他引脚。

另外，开关的焊接还要注意控制焊接时间，不能过长，因为它是塑料结构的器件，塑料不耐热，烙铁焊接时间一长，会使自锁开关的塑料件熔化变形。特别是当开关接反后需要拆下重焊时，更容易使塑料件熔化变形。

（3）晶体管八脚插座与电容测试插座的安装

晶体管 8 脚插座用来测量三极管的 hFE，电容测试插座用来测量电容器的容量。这 2 种器件的安装位置、高度需要与面板的相应插孔位置一致，并且焊接角度一定要保持与印制板垂直，否则在整机装配时，不能卡在面板相应的槽孔中。焊接时可以先用少量焊锡焊上一只脚，然后放入前面盖中观察其高度与角度，当调整到位后再焊接其余引脚。

（4）表笔插座的安装

表笔插座共有 4 只，从印制板的正面插入，并在反面牢固焊接。这 4 只表笔插座的焊接难度较大，要求 4 个插座的焊接角度都必须与线路板垂直，并保持在一条直线上，这样才能与面板上的表笔插孔适配。否则，不仅影响美观，更主要的是在线路装入前后盖后，表笔不易插入这 4 个插孔，影响操作使用。

在成批装配与焊接时，采用 4 只钉子来对 4 只表笔插孔进行整体定位，其方法是：在一块木板上，依据印制板上 4 个表笔插孔的焊接位置画好 4 个定位孔，用台钻钻孔后（可保证钻孔垂直）旋上 4 只定位螺钉（螺钉是从电气开关接线盒上取来的，其直径与表笔插座的内径相同），将 4 只螺钉的高度调节至与表笔插座的高度一致。焊接时将 4 只表笔插座套在木板上的 4 只定位螺钉上，然后放上线路板进行焊接，焊接的加热点应放在表笔插座上，焊接时间应适当加长，以保证焊锡与笔表插座及线路板焊接牢固。这样就可以保证 4 只表笔插孔的位置得到较好的焊接定位，避免整机装配时印制板与前面板的配合误差过大。

表笔插座还有一种类型，不是靠焊接，而是直接用螺丝紧固在线路板上，这种表笔插座的装接比较容易，只要直接将 4 只表笔插座用螺丝紧固在线路板上后即可达到工艺要求。

（5）通用保险丝座的安装

DT9205A 数字万用表的电流 mA 挡输入端有 1 只 0.5 A 的保险丝（FUSE），保险丝座是安装保险丝管的支架，每个管架上都有一个小挡片，安装时要相对而放，使小挡片置于保险丝管两端的外侧。保险丝管座也是安装于印制板的反面，以便维修更换时不必拆卸印制板。为使安装方便可靠，焊接前可先将保险丝安放于支架内再进行焊接，这样保险丝座的各引脚的焊点位置就比较容易控制了。

（6）陶瓷蜂鸣片的安装

陶瓷蜂鸣片如图 4-9 所示，它是一种用于报警发声的元件，安装于印制板的反面。它是利用压电陶瓷材料的压电效应现象而制成的"电—声"换能器件。陶瓷蜂鸣片的衬底是一圆形黄铜片，也是它的负电极；衬底的上面就是圆形的压电陶瓷薄片，陶瓷薄片的表面再镀上一层银膜，作为其正极。在正极与负极之间加上电信号，陶瓷蜂鸣片就会带动黄铜片振动而发声。

图 4-9　三端陶瓷蜂鸣器

在焊接陶瓷蜂鸣片的电极引线时，要特别注意其正电极的镀银层加热时间要快，因为镀银层极薄，焊接时间稍长，这个镀银层就可能因挥发而使蜂鸣器报废。因此在焊接前，引线应预先上锡，烙铁头上也要预先上满锡，这样才能保证焊接时间短，且快速有效。三端陶瓷蜂鸣器的三根引线的焊接位置可参考图 4-6 元件焊接过程中（d）图所示的方法。三根引线直接焊接在线路板的反面，粗硬裸导线接地，并用于固定陶瓷蜂鸣片，黑线接放大器 VT4 的信号输出端（印制板上的焊点在 R15 的上端），红线为蜂鸣器的振荡信号反馈端，接放大器 VT4 的基极反馈电阻 R16 处。

（7）镀银屏蔽弹簧的安装

镀银屏蔽弹簧焊接于印制板的反面上方，其作用是将电路板的地线与机壳后盖的屏蔽纸相连，以减少外界电磁场对数字万用表测试工作的干扰和影响。

焊接镀银弹簧的方法是，先将镀银弹簧上锡，再用烙铁头对印制板上的大焊盘加热并熔化焊锡，当待熔化的焊料呈半球形时，用镊子夹住弹簧放到印制板的大焊盘上，使弹簧在板子上直立并焊接牢固。若弹簧歪斜，可用烙铁头在相应的弹簧根部加热稍压修正。

四、DT9205A 数字万用表的结构安装

1. 安装转盘挡位开关总成

构成转盘挡位开关总成的零件虽然不是很多，但组装要非常仔细，特别是一旦钢珠滚落、弹簧崩出，则需要耗费大量的精力寻找。转盘挡位开关总成的安装顺序如下所述。

（1）安装弹簧与钢珠

将转盘的外框平放在桌面上，在转盘框的 2 个孔洞中分别放入弹簧，弹簧上面放入钢珠。注意，在安装弹簧、钢珠时最好要粘上凡士林，否则不易安装，而且钢珠容易滚落。

（2）在转盘框中压入转盘

将转盘有齿的一面向下，并使转盘上的 2 个卡勾对准转盘框的 2 个缺口位置，然后将转盘压入转盘框内，并利用双手两个拇指的压力将转盘在转盘框中旋转 90°左右，使转盘卡住转盘外框，并使转盘框中弹簧上的钢珠与转盘的齿轮得到弹性配合，从而实现转盘开关的挡位控制。

另外，还有一种转盘的齿轮在外圆周上，其弹簧与钢珠是装在外框圆盘的两侧。这种转盘开关总成的安装稍困难些，其方法是先在外框的圆盘两侧凸起的小方块内分别装入钢珠和弹簧，使钢珠与内转盘的齿之间进行弹性接触，然后在上面压入定位压片。小压片的作用是防止钢珠与弹簧弹出，避免造成与线路板的磨擦。在安装弹簧、钢珠和压片时应粘些凡士林，否则不易安装，而且钢珠容易滚

落。另外，小压片装入后若用胶带绑贴，则可防止小压片崩出，也便于将转盘开关总成安装于线路板上。

（3）在转盘上安装 V 型簧片

将 5 只 V 型簧片装到转盘的触片横条上，在一端靠外侧嵌入 2 片 V 型簧片（分别嵌在 1，3 横条上）；在另一端靠内侧嵌入 3 片 V 型簧片（分别嵌在 5、7、9 横条上）。

（4）将转盘安装到线路板上

转盘的触片朝下，转盘框的 4 个螺孔位置对准印制板的 4 个螺孔位置，然后将转盘从线路板正面扣入，如图 4–10 所示。扣入的手势如图 4–11 所示。

图 4–10 转盘圈的安装　　　　图 4–11 转盘圈扣入线路板的手势

（5）锁定转盘圈

将转盘圈与线路板对准后用 4 个 2.0×6 的自攻螺丝从印制板的反面穿入转盘孔中拧紧，在拧螺丝时最好对角先拧，这样转盘比较容易固定，转盘紧固完成后的正反二面电路板如图 4–12 所示。

2．安装液晶屏总成

在安装液晶屏总成之前，应先确定已基本安装好的线路板能够平整且顺利地放入面盖中，自锁开关的位置、表笔插孔的位置等能够与面板上的对应位置较好地适配，否则应认真调整到位。

①先把 2 个 M2 的螺母套入上压条的 2 个孔中，放到一旁；再将下支架放置在线路板上，从线路板下方反向穿入 2 只 M2.0×8 的螺丝；然后在下支架的 2 条沟槽中放入导电胶条，导电胶条的导电部分（黑色）和印制板上的信号输出电极（俗称金手指）接触。导电胶条的安装情况如图 4–13 所示。

图 4-12 转盘紧固完成后的正反二面电路板

图 4-13 液晶屏组件的导电胶条安装

②其次将液晶总成的电缆带放在导电胶条上，使电缆带上的二层碳条，分别与下面的二条导电胶条接触。注意不可将电缆纸碳条装反，否则液晶屏的电极就不可能通过导电胶条与印制板的信号输出电极连接，也就不可能有字符显示。

③再次在电缆带的上面，覆盖上压条，上压条的二条沟槽向下，然后锁紧螺丝。这样，通过液晶屏总成电缆带的碳条与两条导电胶条，就将液晶屏的电极与印制板上的电极连接了。

④最后将液晶屏组件的折叠定位座套入印制板上的对应定位孔，用二只 2*6 自攻螺丝锁定在印制板上。摇动液晶屏，就可以选择观察液晶屏的角度了。

3．安装后盖与护套

后盖、护套的安装是在电路的调试与检测结束后进行的，是结构件安装的最后一步。

①将挡位旋钮用卡簧锁定在前面板上，并在面板上安放电源按键（红，Power）和数据保持按键（黑，DH）。

②安装线路板。先将线路板上的液晶屏抬起，再将安装调试正常的线路板套入前盖板，注意要将测试输入插口的位置与电容器、三极管的测试插口位置对齐。

③确定挡位旋钮的安装方向。线路板套入前面板时应注意挡位旋钮开关的安装方向。先把 9V 电池扣上，当按下电源开关时，如果显示器上显示出"1"，则表示转盘挡位开关的触点位置是位于电阻挡，那么旋钮的箭头竖标应向上拨到"Ω"挡位置；如果显示器显示出"0"，则将旋钮箭头竖标向下拨到电容挡。

④安装后盖。盖上后盖，用三只 3*8 的自攻螺丝紧固后盖即可。最后贴上面板，套上护套。

五、DT9205A 数字万用表的性能测试与校准

1．正常字符显示测试

（1）检测显示值

连接测试笔到仪表，转动拨盘，仪表在各挡位的读数如表 4–11 所示，负号（－）可能会在部分测试项最低挡闪动显示。

（2）如果仪表各挡位显示与上述所列不符，应检查以下事项

①不显示。检查电池电量是否充足，连接是否可靠。自动关机电路中是否存在问题，ICL7106A 集成电路是否正常工作，液晶屏总成和线路板是否正确

连接。

表 4-11　DT9205A 数字万用表各挡位的检测显示值

功能量程		显示数字	备注	功能量程		显示数字
DCV 直流电压挡	200 mV	0 0.0	可能有几个字不回零	OHM 阻挡	200 Ω	1
	2 V	.0 0 0			2 kΩ	1
	20 V	0.0 0			20 kΩ	1
	200 V	0 0.0			200 kΩ	1
	1000 V	0 0 0			2 MΩ	1
ACV 交流电压挡	200 mV	0.0 0			20 MΩ	1
	2 V	.0 0 0			200 MΩ	1
	20 V	0.0 0		CAP 电挡	2 nF	.0 0 0
	200 V	0.0 0			20 nF	0.0 0
	750 V	0 0 0			200 nF	0 0.0
DCA 直流电流挡	2 mA	0 0 0	可能有几个字不回零		2 μF	.0 0 0
	20 mA	0.0 0	可能有几个字不回零		200 μF	0.0 0
	200 mA	0 0.0		hFE	三极管	0 0 0
	20 A	0.0 0		Diode	二极管	1
ACA 交流电流挡	2 mA	0 0 0		通断测试	30 Ω 以下	1
	20 mA	0.0 0				
	200 mA 00.0	0 0.0				
	20 A	0.0 0				

②不回零。检查转盘开关的 5 只 V 型接触簧片的组装位置是否正确，接触是否良好。短接输入端是否回零。由于此类仪表输入阻抗极高，200 mV 可以允许 5 个字以内不回零。

③字符显示的笔画错误（多笔或少笔）。检查液晶屏电缆带的连接与安

装是否正常，导电胶条的装配是否正确，检查 ICL7106A 对应的功能脚是否正常。

2．调试与校准

（1）模／数（A/D）转换器校准

A/D 转换器校准的调整元件为电位器 R_{P1}。

将被测仪表的拨盘开关转到直流电压 20 V 的挡位，插好表笔；用另一块已校准的仪表作监测表，监测一个小于 20 V 的直流电源（如 9 V 电池），然后用该电源校准装配好的仪表，调整电位器 R_{P1} 直到被校准表与监测表的读数相同（注意：不能用被校准表测量自身的电池）。

电位器 R_{P1} 的调整会改变 ICL7106A 内双积分 A/D 转换器的基准电压值 U_{REF}，从而改变 A/D 转换器输出的数字量。当两个仪表读数一致时，套件安装表的 A/D 转换器即被校准了。此时，若直流电压挡输入端的各挡分压电阻如果正确，则直流电压挡也就校准结束。

如果校准错误，应检查下列事项：

A. 检查线路板是否有短路、焊接不良现象。

B. 检查分压电阻是否有插错、虚焊等现象。

（2）直流电压测试

直流电压的测试是在 A/D 转换器校准后进行。

①如果你有一个直流可调电压源，只要将电源分别设置在直流电压（DCV）量程各挡的中值，然后对比被测表与监测表测量各挡中值的误差，检查 DCV 精度是否符合要求。

②如果没有直流可调电压源，则可以采取以下两种测量方法：

A. 将拨盘转到 20 V 量程，测量 9 V 的叠层电池，此时被测表的显示值应与监测表的显示值相同。

B. 将拨盘转到 2 V 量程，测量 1.5 V 的通用碱性电池，此被测表的显示值也应与监测表的显示值相同。

（3）交流电压测试与校准

交流电压的测试与校准应在直流电压测试正常后进行，交流电压的校准是通过调节 AC/DC 转换电路中的电位器 R_{P2} 来实现的。调节 R_{P2} 可以改变线性全波整流式 AC/DC 变换器中运算放大器的增益，从而控制输出的平均直流电平的大小。

在测试过程中需要交流电压源，220 V 市电是最方便的。但要注意：用市电 220 V 交流电压进行测试时要特别小心，在表笔连接市电 220 V 的交流电压前，要将拨盘转到交流电压（ACV）的 750 V 挡。然后才能测量市电 220 V 的交流电压，并将测量值与监测表对比读数，如果不准确，可调节电位器 R_{P2}，以达到交流电压挡所要求的精度。

如果上面的测量有问题，应检查下列事项：

A. 检查 AC/DC 变换器电路中的电阻、电容的数值和焊接情况。

B. 检查 AC/DC 变换器电路中各二极管的安装方向及焊接情况是否正常。

C. 检查 AC/DC 变换器中集成运算放大器是否正常工作。

重新检查与校准直流电压挡的测试是否存在问题。

（4）直流电流测量

①构建一个直流电压源 E 与一个电阻 R 的连接回路，并在电路中串入测量直流电流的测量值与监测表。电阻 R 分别取 100 Ω、1k Ω、10k Ω，E 可取 1.5V 的电池，使该电路可分别获得 150μA、1.5mA、15mA 左右的直流电流。

②将拨盘开关分别转到 200 mA、20mA、2mA 挡位，测试上述挡位所对应的电路电流值，对比被测表与监测表的读数是否吻合。若 200 mA 挡的偏高，则可以在 0.99 Ω 的电阻旁上并联一个电阻，改变 0.99 Ω 的阻值，从而使它正常工作。

如果上面的测量有问题，请检查下列项目：

A. 检查表内保险管是否烧断。在表内部，直流电流挡都有一只保险管，用来保护仪表在过载时不被损坏，若使用时出现误操作，会使保险管因过流而熔断。

B. 检查电流挡输入端限幅二极管是否击穿短路。当输入端的限幅二极管击穿短路时，会使被测电流直接对 COM 端短路。此时，往往出现屡烧保险管的现象。

C. 检查电流挡输入端分流器的各分流电阻的数值和焊接情况是否正常。

D. 直流电流的测量要特别注意：测量时应使用正确的插孔、功能挡和量程，如不能估计电流的大小，应从高量程开始测试；当表笔插在电流插孔上时，切勿把表笔并联至任何电路上，否则可能会烧断熔丝甚至是万用表本身。

（5）直流 20A 挡校准

直流 20 A 挡的校准元件是 0.01 Ω 的锰铜丝电阻。

校准时需要一个能够输出 10A 以上电流的直流电源和一只较大功率的负载电阻，然后将被校准电表与监测表一起串联在由直流电源与负载电阻所构成的电路中。电源电压与负载电阻的取值以能向被校准电表提供 10A 左右的测试电流为准。如果不使用监测表，也可以直接由电源的电压值与负载电阻值的比值来确定实际电流的大小。例如，若电源的电压选为 10V，负载选用 10W 以上的 1 Ω 线绕电阻，则校准电流为 10A。

校准时，将被校准表的拨盘转到"20A"位置，红表笔插入"20A"插座，将表笔串接于被测电路中，观察被校准表的电流显示值与实际电流值的误差。如果被测表的电流显示值高于实际值，说明锰铜丝的阻值偏大，可在锰铜丝上增加少许焊锡，使锰铜丝的电阻值相对减小，直到仪表显示正确的值；如果仪表的电流显示值小于实际值，说明锰铜丝的阻值偏小，可将锰铜丝在线路板上焊起来一点点，使锰铜丝的电阻在 20 A 和 COM 输入端之间的阻值增大，若锰铜丝的长度不够，可用斜口钳在锰铜丝上剪出几个凹坑来使阻值增加，但千万不能剪断，直到仪表显示正常。

在校准过程中，需要特别注意的是，在焊接锰铜丝时，锰铜丝的阻值会随它的温度变化而变化，只有等到冷却时才是最准确的。

（6）电阻／二极管的测试

①选用每个电阻挡满量程一半数值的电阻进行测试（选用 $100\Omega/1k\Omega/10k\Omega/100k\Omega/1M\Omega$ 等），将安装表与监测表分别测得的同一个电阻的显示值进行对比，检查各挡误差的大小是否满足说明书中的精度要求。

②用一个好的硅二极管（如 1N4007）进行测试，仪表读数应约为 650（二极管的正向导通电压值约 650mV）；对于功率二极管，显示数值要低一些，请与监测表对比使用。

如果上面的测量有问题，请检查下列事项：

A. 检查电阻挡分压电阻的数值是否正常。

B. 检查热敏电阻是否损坏。

（7）蜂鸣器挡通断测试

将安装表功能旋钮转至蜂鸣器通断测试挡（与二极管挡相同），测试 30Ω 以下的电阻值，蜂鸣器应能发声，声音应清脆无杂音。测试 70Ω 以上电阻时不发声。

如果没有声音，应检查下列事项：

①检查蜂鸣器线是否焊接正确或蜂鸣器本身是否有问题。

②检查蜂鸣器电路中的电压比较器（IC_{3B}）电路是否存在问题。

③检查由 VT_4、R_{14}、R_{15}、R_{16} 及三端陶瓷蜂鸣器组成的音频振荡电路是否存在问题。

（8）hFE 测试

①将拨盘转到 hFE 挡位，用一个小功率的 NPN（9014）和 PNP（9015）晶体管，并将发射极、基极、集电极分别插入相应的插孔。

②被测表显示晶体管的 hFE 值，晶体管的 hFE 值范围较宽，可以参考监测表使用。

如果上面的测量有问题，请检查以下项目：

A. 检查晶体管测试座是否完好，焊接是否正常，是否有短路、虚焊、漏焊等现象。

B. 检查两个对应的 220 kΩ 电阻和 10 Ω 的数值及焊接是否正确。

（9）电容的测量与校准

电容测量的校准元件是 R_{P3}。R_{P3} 的调节可以改变加到被测电容器上的 400Hz 交流信号的大小，从而改变 C 的读数。

将转盘拨至 200 nF 量程，取一个标准的 100nF 的金属电容，插在电容夹的两个输入端，注意不要短路，如有误差可调节 R_{P3} 电位器直到读数准确。

如果测量有问题，请检查以下项目：

①检查电容电路是否有问题。

②检查 RC 文氏桥振荡器电路中 10 nF 电容是否有损坏。

③检查 RC 文氏桥振荡器电路中 39.2 kΩ 电阻是否有虚焊或变值现象。

④检查电容测量电路的集成运放电路 IC4（LM324 或 LM358）是否能正常工作。

六、相关技术知识

数字万用表是一个非常典型的电子测量产品，数字万用表的检测与应用技术也是电子测量的基础，是电子工作者需要掌握的一项基本技能。随着大规模集成电路的发展，由单片 A/D 转换器构成的数字万用表具有极高的性价比，获得了迅速地普及与广泛应用。数字万用表因为具有准确度高、分辨力强、测试功能完善、测量速度快、显示直观、保护功能完善，耗电少，便于携带等优点，因此，现在的数字万用表已基本取代传统的指针式（模拟式）万用表，成为现代电子测量与维修工作中最常用的数字仪表。

（一）数字万用表的功能与特点

数字万用表是在数字电压表（DVM，Digital Voltmeter）的基础上，配上各种变换器所构成的多功能测量仪表，因而具有交流、直流电压测量，交流、直流电流测量、电阻测量，电容测量等多种功能。DT9205A 数字万用表除上述功能外，还有二极管正向导通电压测量，三极管电流放大系数测量，电路通断测试等功能。

通常，数字万用表具有以下特点：

1. 数字显示，读数方便

传统的模拟式仪表必须借助指针和刻度盘进行读数，在读数过程中不可避免地会引入人为的测量误差（如视差），并且容易造成视觉疲劳。数字万用表则采用先进的数字显示技术，使测量结果一目了然，只要仪表不发生跳数现象，测量结果就是唯一的，不仅保证了读数的客观性与准确性，还符合人们的读数习惯，能缩短读数和记录的时间。一些新型数字万用表还增加了标志符显示功能，包括测量项目符号、单位符号和特殊符号等。

DT9205A 数字万用表的显示位数为 3 ½ 位，读作三位半，即该仪表有 3 个整数位，最高位只显示 0 或 1，最大显示值为 ±1999，满量程计数值为 2000。该仪表采用了 ICL7106A 芯片，内设时钟电路、+2.8V 基准电压源、异或门输出电路，能直接驱动 3½ 位 LCD 显示器。

2．准确度高

准确度是测量结果中系统误差与随机误差的综合。它表示测量结果与真值的一致程度，也反映了测量误差的大小，准确度越高，测量误差越小。

数字电压表的准确度远优于模拟式电压表。这是因为数字万用表是将被测的模拟电压转换为数字信号后再显示出具体数据。而这种转换一般都采用了双斜积分式 A/D 转换器，可使 A/D 转换的准确度达 ±0.05%，转换速率通常选 2~5 次 /s，且具有自动调零、自动判定极性等功能，从而使数字万用表具有非常高的准确度。例如，DT9205A 数字万用表测量 DCV、ACV、DCA、ACA、Ω、CAP 的准确度依次为 ±0.5%、±1.0%、±1.0%、±1.5%、±1.0%、±4.0%。仪表测量速率约为 3 次 /s。

3．分辨力高

仪表的分辨力，是指数字电压表在最低电压量程上末位 1 个字所代表的电压值，它反映仪表灵敏度的高低。分辨力随显示位数的增加而提高。例如，3½ 位、4½ 位、8½ 位 DVM 的最高分辨力分别为 100μV、10μV、1nV。

数字电压表的分辨力指标亦可用分辨率来表示。分辨率是指所能显示的最小数字（零除外）与最大数字的百分比。例如，3½ 位 DVM 的分辨率为 1/1999≈0.05%。

需要指出的是，分辨力与准确度属于两个不同的概念。前者表征仪表的"灵敏性"，即对微小电压的"识别"能力；后者反映测量的"准确性"，即测量结果与真值的一致程度。二者无必然的联系，因此不能混为一谈，更不得将分辨力（或分辨率）误以为是类似于准确度的一项指标。实际上，分辨力仅与仪表显示位数有关，而准确度则取决于 A/D 转换器等的总误差。从测量角度看，分辨力是"虚"指标（与测量误差无关），准确度才是"实"指标（代表测量误差的大小）。因此，任意增加显示位数来提高仪表分辨力的方案是不可取的，原因在于这样达到的高分辨力指标将失去意义。换言之，从设计 DVM 的角度看，分辨力应受准确度的制约，并与之相适应。

4. 测量范围宽

具有多量程的数字万用表，一般 DCV 挡可测 0.01mV ~ 1000V 直流电压，配上高压探头还可测量上万伏的高压；DCA 挡可测 0.1μA ~ 20A；Ω 挡可测 0.01Ω ~ 200MΩ；CAP 挡可测 0.1pF ~ 20μF。智能型数字万用表的测量范围更宽。

5. 扩展功能强

由 DVM 扩展成的数字万用表（DMM），其一般功能通常都要比模拟万用表的功能多得多。例如，DT9205A 数字万用表，共设置 32 个量程，其测量功能有直流电压 DCV、交流电压 ACV、直流电流 DCA、交流电流 ACA、电阻 Ω、电容 CAP、二极管正向压降 UF、晶体三极管电流放大系数 hFE，且二极管挡还兼蜂鸣器挡用来检查线路通断。

另外，在 DVM 数字电压表的基础上，不仅可以扩展成一般功能的常见数字万用表，还可扩展成各种通用及专用的测量仪表与智能仪器，以满足不同的需要。例如，用来测量电导、电感、温度、频率等。

6. 测量速率快

数字电压表在每秒内对被测电压的测量次数叫作测量速率，单位是"次 /s"。它主要取决于 A/D 转换器的转换速率，其倒数是测量周期。3½ 位、5½ 位 DVM 的测量速率分别为几次 /s、几十次 /s。8 ½ 位 DVM 采用降位的方法，测量速率可达 10 万次 /s。

7. 输入阻抗高

数字电压表具有很高的输入阻抗，通常为 10~10000MΩ，最高可达 1TΩ。在测量时从被测电路上吸取的电流极小，不会影响被测信号源的工作状态，能减小由信号源内阻引起的测量误差。

8. 功耗低

新型数字电压表普遍采用 CMOS 大规模集成电路，整机功耗很低。例如，DT9205A 数字万用表，采用的 ICL7106A 芯片的工作电源为 9V/1.8mA（工作电压范围 +7 ~ +15V），9V 供电的整机功耗约 16 mW，一节 9V 叠层电池能连续工作 200 小时或间断使用半年左右。有些数字万用表采用了微功耗的芯片，可使功耗更低，例如，ICL7136 芯片的工作电源为 9V/100μA（适配 LCD 显示器），ICL7137 芯片的工作电源为 ±5V/200μA（适配共阳 LED 显示器）。

9. 抗干扰能力强

5½ 位以下的 DVM 大多采用积分式 A/D 转换器，其串模抑制比（SMR）、共模抑制比（CMR）分别可达 100dB、80 ~ 120dB。高档 DVM 还采用数字滤波、浮地保护等先进技术，进一步提高了抗干扰能力，CMR 可达 180dB。

10．可靠性高

现在的很多数字万用表具有过载保护功能，可以实现过载保护，防止误操作而烧毁仪表。例如，DT9205A 数字万用表在电阻挡和二极管挡时，若误测 220V 交流电压，该仪表均可实现功能保护，不致损坏仪表。有些仪表还具有防跌落功能，从而使仪表具有更高的可靠性。

（二）数字万用表的电路组成

数字万用表由数字电压（DVM）表配上各种变换器构成，因而具有交流、直流电压，交流、直流电流，电阻和电容等多种测量功能。图 4–14 是数字万用表的电路结构框图，它分为输入与变换部分、A/D 转换器部分、显示部分。输入与变换部分主要通过电流－电压转换器（I/V）、交流－直流转换器（AC/DC）、电阻－电压转换器（R/V）、电容－电压转换器（C/V）等，将各测量参数转换成 $0 \sim 200\text{mV}$ 的直流电压量 U_{IN}，U_{IN} 再送入模拟 / 数字（A/D）转换器，将模拟电压转换为数字量后进行测量，最后由显示器显示被测量的值。A/D 转换器电路与显示部分由集成电路 ICL7106A 和液晶显示器 LCD 构成。

（基本量程：200mV；工作频率：45.5kHz；测量速度：3 次 /s）

图 4–14　DT9205A 数字万用表的电路组成

我们可以看出数字万用表是以直流 200 mV 作为基本量程，配接与之成线性变换的直流电压、电流，交流电压、电流，欧姆，电容等参数变换器，即能将各自对应的电参量用数字显示出来。该电路的核心是一片大规模集成电路 ICL7106A，该芯片内部包含双积分 A/D 转换器、显示锁存器、七段译码器和显示驱动器。

（三）ICL7106A 单片 A/D 转换器工作原理

DT9205A 数字万用表的核心电路是单片 3 ½ 位 A/D 转换集成电路 ICL7106A，共有 42 个引脚。ICL7106A 是 ICL7106 的改进型，是在 ICL7106（共 40 个引脚）的基础上增加了 2 个引脚，1 个是低电压指示 LOB，另 1 个是读数保持 HOLD，其余相同。而 ICL7106 是目前应用最广泛的一种 3 ½ 位 A/D 转换器，其同类产品还有 TSC7106、TC7106，可互相代换。它们均能构成 3 ½ 位液晶显示的数字电压表（DVM）。

1. 引脚功能

ICL7106A 共有 42 个引出端，比 ICL7106 增加了 2 个引脚（LOB 和 HOLD）。引脚排列如图 4–15 所示。

图 4–15　ICL7106A 引脚功能

U_+、U_-：分别为电源（常用 9V 叠式电池）的正、负极。

COM：模拟信号的公共端，简称"模拟地"，使用时通常将该端与输入信号的负极、基准电压的负极短接。

a1~g1、a2~g2、a3~g3：分别为个位、十位、百位笔段驱动端，依次接液晶显示器的个、十、百位的相应笔段电极。LCD 为 7 段显示（a ~ g），DP（Digital Point）表示小数点。

bc4：千位（最高位）笔段驱动端，接 LCD 的千位 b、c 段，这两个笔段在内部是连通的，当计数值 $N>1999$ 时，显示器溢出，仅千位显示"1"，其余位均消隐，以此表示仪表过载。

POL：负极性指示驱动端（极性标记：Polarity Mark）。

BP：液晶显示器背面公共电极的驱动端，简称"背电极（Back Pole）"，由该端输出 50Hz 的方波加在 LCD 的公共电极上，用于 LCD 正常工作状态的数据显示。

LoB：低电压指示驱动端（Low Battery），当 9V 电池的电压低于 6V 时，会在 LCD 显示器上显示低电压符号。

OSC1~OSC3：时钟振荡器的引出端，与外接阻容元件构成两级反相式阻容振荡器。

IN+、IN-：模拟电压输入端，分别接被测直流电压 U_{IN} 的正极与负极。

U_{REF+}：基准电压的正极，简称"基准+"，通常从内部基准电压源获取所需要的基准电压，亦可采用外部基准电压，以提高基准电压的稳定性。

U_{REF-}：基准电压的负极，简称"基准-"。

C_{REF+} 和 C_{REF-}：外接基准电容的正、负极。

C_{AZ}：外接自动调零电容 C_{AZ} 端，该端接芯片内部积分器的反相输入端。

BUF：缓冲放大器的输出端，接积分电阻 R_{INT}。

INT：积分器输出端，接积分电容 C_{INT}。

HOLD：读数保持端，当将该端通过开关与 U_+ 端短接时，内部时钟振荡器停振，数字电路停止工作，LCD 公共背电极上的方波电压也随之消失，IN+ 端输入的电压不再产生新的计数脉冲，数据锁存器的数据不变，计数器保持原计数状态不变，每个笔段译码器所输出的电平也不变，LCD 上所显示的读数也不变，从而保持短路前一瞬间被测电压的数值，直至短路开关断开，开关闭合时间就是读数保持时间。

TEST：测试端，该端经内部 500Ω 电阻接数字电路公共端，因这两端呈等电位，故亦称之为"数字地（GND 或 DGND）""逻辑地"。此端功能是用作"测试指示"，将它与 U_+ 短接后，LCD 显示器的全部笔段上均有电压，应显示出 1888（全部笔段），据此可确定显示器有无笔段残缺现象。

注意：因 LCD 液晶显示器在正常情况下需采用交流驱动方式（背电极 BP 为 50Hz 方波）。而上述 TEST 和 HOLD 功能应用时，都会导致 LCD 背电极 BP 的 50Hz 方波的脉冲信号消失，使 LCD 变为直流驱动方式（各笔段上为 4～5V 的直流电压）。而长时间的直流驱动，会影响 LCD 的显示性能，缩短 LCD 的使用寿命。因此，读数保持时间和功能测试时间都应控制在 1min 之内，最长不超过 5min。

2. ICL7106A 的电路组成

ICL7106A 为双斜积分式 A/D 转换器，其电路组成如图 4-16（a）所示。内部包括模拟电路和数字电路两大部分。模拟电路主要有积分器、过零比较器、基准电压电路等；数字电路主要有逻辑控制电路、计数器、显示电路（含显示所需的数据锁存、显示译码与驱动）等。

（a）双斜积分式 A/D 变换器原理

（b）积分器输入与输出电压示意

图 4–16　双斜积分式 A/D 变换器

双斜积分式 A/D 转换器的转换准确度高，抗串模干扰的能力强，电路简单，成本低廉，适于作为低速 A/D 转换器。因此，一般数字万用表的 A/D 转换器均采用这种转换电路。

图 4–16（b）为双斜积分式 A/D 转换器的输入电压与输出电压的示意图。在一个测量周期内（一个测量周期 T 为 4000 个时钟脉冲周期 T_{cp}），积分器在自动调零（AZ）后，首先对输入信号 U_{IN} 进行正向积分（INT 阶段，也称为定时积分，其积分时间固定为 $T_1 = 1000T_{cp}$），然后由开关 S 切换，再对与 U_{IN} 极性相反的基准电压－U_{REF} 反向积分（DE 阶段，也称为定压积分，其时间为 T_2）。过零比较器将积分器的输出信号 U_{o2} 与零电平进行比较，比较的结果就作为数字电路的控制信号（闸门信号）、控制计数器的计数时间 T_2，从而获得与输入信号 U_{IN}

相对应的计数值 N。

由图可见，模拟电路与数字电路是互相联系的，一方面控制逻辑单元产生控制信号，按照规定的时序控制模拟开关的接通或断开；另一方面模拟电路中的比较输出信号，又控制数字电路的工作状态与显示结果。

3. ICL7106A 的工作原理

ICL7106A 内部包括模拟电路和数字电路两大部分。下面分别介绍模拟电路与数字电路的工作原理。

（1）模拟电路

①模拟电路的组成。在 ICL7106A 内部，模拟电路由双斜积分式 A/D 转换器构成，电路如图 4–17 所示。主要包括 2.8V 基准电压源（E_0）、缓冲器（A_1）、积分器（A_2）、比较器（A_3）和模拟开关 S 等组成。

图 4–17　ICL7106A 的模拟电路

基准电压源 E_0 电路，由稳压二极管 D_z、硅二极管 D、基准电流源、电阻 R_1 和 R_2 组成。当接在 U_+ 与 U_- 之间的电源电压 $E \geqslant 7V$ 时，D_z 被反向击穿，其稳定电压 U_z=6.2V，基准电流源可保证在电源电压变化或温度变化时流过稳压管的电流基本不变，使稳压值更稳定。U_z 经过 D、R_1 和 R_2 分压之后，得到 E_0 =2.8V。硅二极管正向电压 U_F 的温度系数为负值，而电阻 R_1、R_2 上的电压具有正的温度系数，二者互相抵消，可显著降低温漂，保证 E_0 具有极稳定的电压和极低的电压温度系数。缓冲器 A_1 用于信号输入电路与积分器之间的隔离。缓冲器 A_4 接在 E_0 与 COM 端之间，专门用来提高 COM 端带负载的能力，NMOS 管加在 COM 与 U_- 之间，可使 COM 端电位比 U_- 高 $4 \sim 6.4V$（视电池的新旧而定）。这就为设计数字万用表的电阻挡、二极管挡和 hFE 挡提供了便利条件。外电路的变化均能维持 U_+ 与 COM 端之间的电压为 2.8V。另外，利用 2.8V 基准电压源 E_0，不仅给芯片提供基准电压，还可直接利用芯片外接的电阻分压器从 E_0 获取所需的基准电压值 U_{REF}。分压器通常由固定电阻与精密电位器（RP）组成，仔细调整 RP 即可获得所需的基准电压值。电路中通常还将 COM 端与 IN– 端短路，否则二者电位不等，由此产生的共模电压会引起测量误差。

②双斜积分式 A/D 转换器的工作过程。双斜积分式 A/D 转换器的每个转换周期分 3 个阶段进行：自动调零（AZ）阶段、正向积分（INT）阶段、反向积分（DE）阶段。并按照 AZ → INT → DE → AZ……的顺序进行循环。3 个阶段的切换与循环分别由 3 组模拟开关进行控制，其中 S_{AZ} 是自动调零开关，S_{INT} 为正向积分开关，S_{DE+} 和 S_{DE-} 均为反向积分开关。正向积分阶段也称为定时积分阶段，反向积分阶段也称为定压积分阶段。

第一阶段，自动调零（AZ，Auto Zero）。

在自动调零阶段，S_{AZ} 闭合，S_{INT} 和 S_{DE} 断开，完成下述工作：

A. 将 IN+、IN– 的外部引线断开，同时把缓冲器的同相输入端接模拟地，使芯片内部的输入电压 U_{IN} =0 V；

B. 将积分器反相输入端与比较器输出端短接，由失调电压对自动调零电容 C_{AZ} 充电，用以补偿缓冲器、积分器、比较器的失调电压（可保证输入失调电压小于 10μV）；

C. 在 35 脚与 36 脚之间为基准电压 U_{REF}，标准状态设定为 100mV，U_{REF} 向基准电容 C_{REF} 充电，使该电容上的电压被充到 U_{REF}，为反向积分做准备。

第二阶段，正向积分（INT，integral）。

该阶段为正向定时积分阶段。在此阶段，S_{INT} 闭合，S_{AZ} 和 S_{DE} 断开，切断自动调零电路并去掉短路线，积分器输入端经缓冲器 A_1 分别接通 IN+、IN– 端，积分器和比较器开始工作。被测电压 U_{IN} 经缓冲器和积分电阻送至积分器。积分器在固定时间 T_1 内，以 $U_{IN} / (R_{INT}, C_{INT})$ 的斜率对 U_{IN} 进行定时积分。假设计数脉冲的频率为 f_{CP}，周期为 T_{CP}，则 $T_1 = 1000 T_{CP}$。当计数器计满 1000 个脉冲时，积分器的输出电压为

$$U_0 = \frac{K}{R_{INT} C_{INT}} \int_0^{T_1} U_{INT} \mathrm{d}t = \frac{K}{R_{INT} C_{INT}} \cdot U_{IN} T_1$$

式中的 K 为缓冲放大器的电压放大倍数（$K = 1$），T_1 也叫采样时间。当正向积分结束时，被测电压的极性即被判定。

第三阶段，反向积分，亦称解积分（DE，Decompose Integral）。

该阶段为反向定压积分阶段。在此阶段，S_{AZ}、S_{INT} 断开，$S_{DE}+$、$S_{DE}-$ 闭合。控制逻辑在对 U_{IN} 的极性作出判断之后，接通相应的极性模拟开关，将 C_{REF} 上已充好的基准电压按照相反的极性来代替 U_{IN}，进行反向积分，斜率变成 $U_{REF}/(R_{INT} \cdot C_{INT})$。经过时间 T_2，积分器的输出又回零。

在反向积分结束时，有关系式：

$$U_0 - \frac{K}{R_{INT}C_{INT}} \int_0^{T_2} U_{REF} \mathrm{d}t = U_0 - \frac{K}{R_{INT}C_{INT}} U_{REF} T_2 = 0$$

代入 U_0 后可得

$$\frac{K}{R_{INT}C_{INT}} \cdot U_{IN} T_1 - \frac{K}{R_{INT}C_{INT}} U_{REF} T_2 = 0$$

即有 $U - T$ 之间的关系式：

$$U_{IN} \cdot T_1 = U_{REF} \cdot T_2$$

假定在 T_2 时间内计数值为 N（仪表显示值，不计小数点），则 $T_2 = N \cdot T_{CP}$，则

$$N = \frac{T_1}{T_{CP} U_{REF}} \cdot U_{IN}$$

显见，T_1、T_{CP}、U_{REF} 均为定值，故 N 仅与被测电压 U_{IN} 成正比，由此实现了模拟量—数字量的转换。

代入 ICL7106A 的正向积分时间 $T_1 = 1000 T_{CP}$，基准电压 U_{REF}=100mV。则仪表显示值为

$$N = \frac{T_1}{T_{CP} U_{REF}} U_{IN} = \frac{1000\, T_{CP}}{T_{CP}\, 100\, \mathrm{mV}} U_{IN} = 10 U_{IN}$$

因此，只要把小数点定在十位后面，即可直读结果。

满量程时 N =2000，$U_{IN}=U_M$。因而满量程电压 U_M 与基准电压 U_{REF} 的关系式为 $U_M = 2U_{REF}$。

显然，当 U_{REF}=100.0mV 时，U_M=200mV；当 U_{REF}=1000mV 时，U_M=2V。上述关系是由 ICL7106A 本身的特性所决定的，外部无法改变。3 ½ 位数字电压表的最大显示值为 1999，满量程时将显示过载（溢出）符号 "1"。

③ ICL7106A 的工作周期。在测量过程中，ICL7106A 能自动完成下述循环：

自动调零 → 正向积分 → 反向积分

每个循环的测量周期共需 $4000T_{CP}$。其中，正向积分的时间固定不变，$T_1=1000T_{CP}$；反向积分时间 T_2 为 $0 \sim 2000\ T_{CP}$，由输入电压 U_{IN} 的大小确定。当 $U_{IN}=0$ 时，$T_2=0$；当 $U_{IN}=200\text{mV}$ 时，$T_2=2000T_{CP}$；反向积分时间与自动调零时间共需 $3000T_{CP}$。

为了提高仪表抗串模干扰的能力，正向积分时间（亦称采样时间）T_1 应是工频周期的整倍数。我国采用 50Hz 交流电网，其周期为 20ms，所以应选 $T_1=n\times20$（ms），n 为正整数。如取 $n=2$、4、5 时，$T_1=40\text{ms}$、80ms、100ms，则能有效地抑制 50Hz 的干扰。这是因为积分过程有取平均值的作用，只要干扰电压的平均值为零，就不影响积分器的输出。但 n 值也不宜过大，以免测量速率太低。实际中的 ICL7106A 的时钟频率取 $f_0\approx40\ \text{kHz}$，经 4 分频后得 $f_{CP}=10\text{kHz}$。则正向积分时间 $T_1=1000T_{CP}=100\text{ms}$，恰是交流电网周期 20ms 的整数倍。利用正向积分阶段对输入电压进行平均之特点，即可消除来自外界引入工频的干扰。

（2）数字电路

数字电路亦称逻辑电路，ICL7106A 的数字电路如图 4–18 所示。主要包括 8 个单元：①时钟振荡器；②分频器；③计数器；④锁存器；⑤译码器；⑥异或门相位驱动器；⑦控制逻辑；⑧ LCD 显示器。

ICL7106A 的内部数字地 GND 由 6.2V 稳压管与 MOS 场效应管等电路来产生。数字地 GND 的电位设置为电源电压（$E=9\text{V}$）的中点，即 GND 与 U_+ 及 U_- 之间的电压均为 4.5V。显然，数字地 GND 与模拟地 COM 端的电位不等，二者不得短接，否则芯片无法正常工作。

时钟振荡器由 ICL7106 内部反相器 F_1、F_2 及外部阻容元件 R、C 组成，属于两级反相式阻容振荡器，当 $R=110\text{k}\Omega$，$C=100\text{pF}$ 时，可输出振荡频率 $f_0\approx0.455/RC\approx40\ \text{kHz}$ 的方波。f_0 经过 4 分频后得到计数频率 $f_{cp}=10\text{kHz}$，即 $T_{CP}=0.1\text{ms}$。此时测量周期 $T=16000T_0=4000\ T_{CP}=0.4\ \text{s}$，测量速率为 2.5 次 /s。$f_0$ 还经过 $4\times200=800$ 分频，得到 50Hz 方波电压，接 LCD 的背电极 BP。

计数器采用二—十进制 BCD（Binary Coded Decimal）码。每个整数位的计数器均由 4 级触发器的门电路组成。最高位亦称 ½ 位（千位），只有 0 和 1 两种计数状态，故仅用一级触发器。

译码器和译码器之间，仅当控制逻辑发出选通信号时，计数器中的 A/D 转换结果才能在计数过程中不断跳数，便于观察与记录。

图 4-18　ICL7106 的数字电路

　　控制逻辑具有 3 种功能：第一，识别积分器的工作状态，及时发出控制信号，使模拟开关按规定顺序接通或断开，确保 A/D 转换正常进行；第二，判定输入电压 U_{IN} 的极性，并且使 LCD 显示器在负极性 U_{IN} 时显示出 "－"（负极性符号 POL）；第三，当输入电压超量程时发出溢出信号，使千位上显示 "1"，其余位均消隐。

　　相位驱动器是为了满足液晶显示器（LCD）的交流驱动方式而设置的。LCD 正常工作时须采用脉冲方波的驱动方式（如果加在液晶分子上的电压长时间不变，则会影响液晶分子的性能）。因此在相位驱动器中，利用异或门输出电路来直接驱动 7 段码 LCD 数字显示器。当笔段电极 a~g 与背电极 BP 呈等电位时不显示，当二者存在一定的相位差时，液晶才显示。因此，可将两个频率与幅度相同而相位相反的方波电压，分别加至某个笔段引出端与 BP 端之间，利用二者电位差来驱动该笔段显示。驱动电路采用异或门。其特点是当两个输入端的状态相异时（一个为高电平，另一个为低电平），输出为高电平；反之，输出低电平。7 段码 LCD 驱动电路如图 4–19 所示。图中，加在 a、b、c 笔段上的方波电压与 BP 端方波电压的相位相反，存在电位差，使这三段显示。而 d、e、f、g 段消隐，故可显示数字"7"。显而易见，只要在异或门输入端加控制信号（译码器输出的高、低电平），用以改变驱动器输出方波的相位，就能显示所需数字。

图 4–19　7 段码 LCD 驱动电路

需要说明的是，相位驱动器只提供了 7 段码数字的显示，而 LCD 屏上的小数点显示，尚需外接的小数点电路与量程切换开关来设定。

4．ICL7106A 与 LCD 的连接

ICL7106A 是以静态方式驱动 3½位显示器的，因此芯片的各驱动端与 LCD 管脚是一一对应的，液晶显示器一般经过导电橡胶条与驱动电路相连接。电路的连接如图 4–20 所示。图 4–20 中的 A、B、C 分别为千、百、十位的小数点的对应信号。

图 4-20　ICL7106A 与 LCD 的连接电路

5. ICL7106A 的功能检查

功能检查的目的是判断 ICL7106A 的质量好坏,进而区分数字电压表(DVM)或数字万用表(DMM)的故障范围究竟在 A/D 转换器还是在外围电路。以 200mV 量程的 DVM 为例,功能检查分以下 4 步进行:

①检查零输入时的显示值。将 ICL7106A 的 IN+ 端与 IN− 端短接,使 U_{IN}=0V,仪表应显示"00.0"。

②检查比例读数。将 IN+ 端与 U_{REF} 端短接,用 U_{REF} 来代替 U_{IN},即 U_{IN} = U_{REF}= 100.0 mV,仪表应显示"100.0",此步骤称为"比例读数"检查,它表示 U_{IN}/U_{REF}=1 时仪表的显示值。

③检查全显示笔段。将 TEST 端接 U_+ 端,令内部数字地变成高电平,全部数字电路停止工作。因每个笔段上都加有直流电压(不是交流方波),故仪表应显示全部笔段"1888"(此时小数点驱动电路也不工作)。为避免降低 LCD 的使用寿命,做此步检查的时间应控制在 1min 之内。

④检查负号显示及溢出显示。将 IN+ 端接 $U_−$ 端,使 U_{IN} 远低于 −200mV。

仪表应显示 "–1"。

6. ICL7106A 的典型应用

以 DT9205A 数字万用表为例，由 ICL7106 构成的 3½ 位数字电压表（DVM）的电路如图 4–21 所示，基本量程 U_M=200mV。

R_{10}、C_{08} 为时钟振荡器的阻容元件，其振荡频率为 $f_0 \approx 40$ kHz 的方波。R_{12} 与 R_{P1}、R_{13} 构成基准电压分压器，R_{P1} 采用精密电位器，调整 R_{P1} 使 U_{REF}=U_M/2=100.0mV，满量程即定为 200mV，二者呈 1：2 的关系。R_{11} 为 U_{REF}+ 端的限流电阻。R_{08}、C_{05} 为模拟输入端高频阻容滤波器，以提高仪表抑制高频干扰的能力，R_{08} 兼作 IN+ 输入端的限流电阻。C_{07} 为基准电容。C_{04} 为自动调零电容。R_{07}、C_{03} 分别为积分器的积分电阻和积分电容。R_{17}—R_{19} 为小数点电路，配合小数点切换开关和背电极 50Hz 方波，实现 LCD 的小数点显示。仪表采用 9V 叠层电池供电，测量速率约 2.5 次 /s。IN– 端、U_{REF-} 端与 COM 端互相短接。

图 4–21　由 ICL7106A 构成的 3½ 位数字电压表（DVM）的电路

（四）DT–9205A 数字万用表的各功能电路分析

DT9205A 数字万用表的测量功能有 DCV、ACV、DCA、ACA、Ω、CAP、二极管 UF、三极管 hFE，另外还有自动关机电路和蜂鸣器电路，具体如下。

1. 测量直流电压的电路

DT9205A 数字万用表的直流电压（DCV）测量共设 5 挡：200mV、

2V、20V、200V、1000V，基本量程设计为 200mV。电路如图 4-22 所示。R_{22}—R_{26} 为分压电阻，均采用误差为 ±0.3% 的精密金属膜电阻，总阻值为 10MΩ。R_{22} 实际由两只 4.5MΩ 的配对电阻串联而成。该分压器可将 0 ~ 1000V 被测直流电压一律衰减到 0 ~ 200mV，再送至 200mV 基本 DVM 表进行测量。

图 4-22　直流电压的测量电路

在直流电压测量电路中，有几点需要说明：

①各电压挡的输入电阻 R_{IN} 均为 10MΩ。这是考虑到 ICL7106 型单片 3½ 位 A/D 转换器的输入电阻的典型值为 $r_{IN}=10^{10}Ω=10000MΩ$，在设计多量程数字电压表时，一般选仪表的输入电阻 $R_{IN}=10^{-3}r_{IN}=10MΩ$，使 $R_{IN}<<r_{IN}$，因此可以完全忽略 ICL7106 的 r_{IN} 对输入信号的分流影响，从而使电压挡的各挡输入电阻均为 10MΩ。

②精密电阻分压器中的最大电阻 R_{22} 的阻值通常由 2 只电阻配对后串联成 9MΩ。这是由于 R_{22} 的阻值非常高（9MΩ），而高阻值电阻的阻值易受气候潮湿等因素影响，不容易保持稳定，且绝对误差也相应较大，为了校准电阻值，通常都需要 2 只阻值较小、误差相反的配对电阻串联成 9MΩ。

③直流电压挡的精密电阻分压器，通常还兼作交流电压测量电路的分压器和电阻测量电路的标准电阻。这是为了节省数字万用表中的精密电阻的元件数量。另外，考虑到直流电压挡只有 5 挡，而电阻挡共有 6 挡，因此分压器中的 1kΩ 电阻也可以由 100Ω 与 900Ω 串联而成，其中的 100Ω 电阻可作为 200Ω 挡的标准电阻（电阻挡的标准电阻值应为该电阻挡的量程的一半），当然也可以采用在 200Ω 挡电阻测量电路中另外增加 1 只 100Ω 的标准电阻，

而精密分压器中的 1kΩ 电阻不变，DT9205A 数字万用表采用的就是这种方法。

2. 测量交流电压的电路

DT9205A 数字万用表的交流电压测量（ACV）共设置 5 挡：200mV、2V、20V、200V、700V（RMS）。它是在直流电压测量电路的基础上，插入线性"交流－直流"转换电路（AC/DC 转换器）。ACV 测量的输入端与 DCV 挡公用一套分压器，AC/DC 转换器将 0 ～ 200mV 的正弦交流电压（有效值），转换为 0 ～ 200mV 的直流电压，然后送到 200mV 的数字电压表（DVM）。电路如图 4-23 所示。

图 4-23　交流电压测量及 AC/DC 转换器的电路

线性"交流－直流"转换采用平均值响应的 AC/DC 转换器，具有线性好、准确度高、电路简单、成本低廉等优点。它由同相放大器 IC3A（1/2 LM358）、整流二极管 VD_{03} 和 VD_{04}、隔直电容 C_{10} 和 C_{11}、平滑滤波器 R_{28}、C_{09} 等组成。交流电压满量程为 200mV（有效值）。RP_2 为 ACV 挡校准电位器，调整 RP_2 可使仪表显示值等于被测交流正弦电压的有效值。VD_{05} 用于减小非线性失真。

需要指出，该电路属于输出不对称式线性全波整流电路，在正、负半周时的等效电路及整流输出波形分别如图 4-24 所示。正半周时电压放大倍数 $A_u>2.22$（半波整流时正弦波的有效值与平均值的关系为 $U_{RMS}=2.22\,\overline{U_O}$）；负半周时 $A_u=1$，它相当于电压跟随器。通过 RP_2 的调整和 R_{28}、C_{09} 平滑滤波器，可较好地保证该电路输出的平均电压与输入的正弦交流电压的有效值相等。

（a）正半周时的等效电路　　　（b）负半周时的等效电路　　　（c）输入与整流输出波形

图 4-24　AC/DC 变换器的等效电路及输出波形

在 AC/DC 转换电路中，正半周时 VD_{03} 导通，VD_{04} 截止，IC3A 输出电流的途径是：$C_{10} \rightarrow VD_{03} \rightarrow R_{29} \rightarrow R_{40} \rightarrow RP_2 \rightarrow COM$（地），并经过 R_{28} 对 C_{09} 充电。此时的电压放大倍数为

$$A_u = 1 + \frac{R_{29}}{R_{40} + RP_2} = 1 + \frac{3\,k\Omega}{1.87\,k\Omega + RP_2}$$

代入调整电位器的值（$RP_2 = 0 \sim 200\,\Omega$），可得 A_u=2.60 ~ 2.45>2.22。

负半周时 VD_{04} 导通，VD_{03} 截止，电流途径变成 $COM \rightarrow RP_2 \rightarrow R_{40} \rightarrow VD_{04}$ $\rightarrow C_{10} \rightarrow IC3A$，此时的电路为电压跟随器，$A_u$=1。

由 R_{28} 和 C_{09} 组成的平滑滤波器可滤除交流纹波，高频干扰信号则被由 R_{08}、C_{05} 构成的高频滤波器所滤掉，从而获得了稳定的平均值电压，再通过 3½ 位单片 A/D 转换器 IC1（ICL7106）完成数/模转换，驱动 LCD 显示出测试结果。

该 AC/DC 转换电路，能消除二极管在小信号整流时所引起的非线性误差，使输出的平均值电压 $\overline{U_o}$ 与 AC/DC 转换器的输入电压 U_{IN}（有效值）呈线性关系，适合测量 40~400Hz 的正弦波，测量准确度优于 1%。当频率超过 400Hz 时，测量误差会增大。

为提高 AC/DC 转换器的输入阻抗，IC3A 接成同相放大器。电路中的 R_{31} 是 LM358 同相输入端电阻，R_{30} 与 R_{32} 为负反馈电阻，可将 IC3A 偏置在线性放大区。C_{13} 是运放的频率补偿电容。R_{30} 和 C_{12} 还向 VD_{05} 提供偏压，VD_{05} 的导通可以减小 LM358 对小信号放大时的波形失真。运放 LM358 的电源 U_+ 取自 IC1 内部的 +2.8V 基准电压源。C_{10}、C_{11} 用来隔直流、通交流。上述 AC/DC 转换器可以适配各种 3½ 位 ~4½ 位单片 A/D 转换器所构成的数字万用表。

3. 测量电流的电路

直流电流的测量（DCA）电路如图 4-25 所示，共设置 4 挡：2mA、20mA、200mA、20A。其中 20A 挡专用一个输入插孔。VD_{13} 和 VD_{14} 为双向限幅过电压

保护二极管，熔丝管 FUSE 为过电流保护元件。分流器由 R_{61}—R_{63} 组成，总阻值为 $100\,\Omega$。其中，$R_{61} \sim R_{63}$ 采用精密金属膜电阻。为承受 20A 大电流，R_{60} 必须选用温度系数极低的电阻（$\alpha T < 40 \times 10^{-6}/℃$）的锰铜丝制成。各电流挡的满度压降均为 200mV。可直接配 200mV 的 DVM 基本表。

图 4-25　直流电流的测量电路

交流电流测量电路，是把图 4-23 中的分压器电路换成如图 4-25 所示的分流器即可。这样由分流器、AC/DC 转换器、ICL7106A 构成的 DVM，组成了交流电流测量电路。

4．测量电阻的电路

现在的数字万用表都采用比例法来测量电阻，比例法是测量电阻的一种新方法，它具有电路简单、准确度高等优点，能充分发挥单片 A/D 转换器本身的优良特性，实现 R/U 转换，即使基准电压存在偏差或发生波动，也不会增加测量误差。

（1）用比例法测量常规电阻

①比例法测量电阻的原理。比例法测量电阻的原理如图 4-26 所示。被测电阻（R_X）与标准电阻（R_0）串联后接在的 ICL7106 的 U_+ 端与 COM 端之间。U_+ 与 U_{REF+} 相连，IN+ 与 U_{REF+} 相连，IN- 与 COM 相连。将内部基准电压源 $E_0 = 2.8V$ 作为测试电压，向 R_0 和 R_X 提供测试电流。然后以 R_0 两端的压降作为基准电压 U_{REF}，R_X 两端的压降作为仪表输入电压 U_{IN}，有关系式

$$\frac{U_{IN}}{U_{REF}} = \frac{U_{R_X}}{U_{R_0}} = \frac{IR_X}{IR_0} = \frac{R_X}{R_0}$$

根据 ICL7106 的比例读数特性，当 $R_X = R_0$，即 $U_{IN} = U_{REF}$ 时，仪表显示值 N 应等于 1000。$R_X = 2R_0$ 时为满量程，仪表开始溢出。通常情况下

$$N = 1000 \times \frac{U_{IN}}{U_{REF}} = 1000 \times \frac{R_X}{R_0}$$

这表示显示值仅取决于与 R_X 与 R_0 的比值，故称之为比例法。此法对各种单片 A/D 转换器均适用。以 200Ω 电阻挡为例，取 R_0=100Ω，可得到

$$N = 1000 \times \frac{R_X}{R_0} = 10 \times R_X$$

将小数点定在十位上即可直接读出结果。对于其他电阻挡，只需改变电阻的单位（kΩ，MΩ）及小数点的位置，就能直接读出结果。

图 4-26　比例法测量电阻的原理

②具有多个量程的电阻挡测量电路。DT9205A 的电阻挡测量电路具有 6 个量程。共电路如图 4-27 所示。这 6 个电阻挡依次为 200Ω、2kΩ、20kΩ、200kΩ、2MΩ、20MΩ。为降低测试电压并减少测试电流，+2.8V 基准电压 E_0 经过 R_{64}、VD_{15} 分压，获得约 +0.65V 的测试电压（电阻挡的开路电压）。R_{22}—R_{26} 为标准电阻，R_X 为被测电阻，S_{2a} 为量程开关。现将 S_{2a} 拨到 20MΩ 挡，并省略了小数点转换及驱动电路。

保护电路由正温度系数热敏电阻 PTC（R_t，500Ω）、晶体管 VT_3（9013）及 R_{08}、R_{09} 构成。VT_3 的集电极与基极短接，利用其发射结反向击穿电压（约 6V）代替稳压管作过电压保护。PTC 热敏电阻可限制 VT_3 的反向电流不致过大，防止损坏 VT_3。R_{09} 为 U_{REF}- 端的限流电阻。一旦误用电阻挡去测量市电，220V 交流电便经过 PTC → VT_3 → COM（模拟地），将 VT_3 的发射结反向击穿，电压被钳位于 6V 左右，可保护 ICL7106 不被损坏。与此同时，PTC 的阻值急剧增大，从而限制了 VT_3 的反向击穿电流，使之不超过允许范围。需要指出，上述击穿属于软击穿，一旦撤去 220V 交流输入电压，VT_3 又恢复正常状态。

图4-27　具有6个测程的电阻挡测量电路

（2）测量高阻的电路

采用比例法只能测量20MΩ以下的电阻。这是因为当被测电阻 R_X >20MΩ 时，随着仪表输入电阻的提高，从模拟输入端很容易引入外界干扰，使仪表严重跳数而无法测量。此外，用比例法测高阻时要等待较长时间才能使读数趋于稳定，使测量时间大为延长。因此，200MΩ 高阻挡的测量电路，必须突破用比例法测量电阻时的电路方案。

①高阻挡的测量原理。高阻挡的测量电路如图 4-28 所示。其设计思想是将被测电阻 R_X 与基准电压的电路相串联，使 U_{REF} 值随 R_X 而变化；ICL7106A 的输入端则接一固定电压 U_{IN}。这样，从 R_X 上引入的干扰就加不到模拟输入端，从而避免了仪表的跳数现象。保护电路由正温度系数热敏电阻（PTC）和晶体管（VT_3）等构成。由图 4-28 可见，ICL7106A 内部的 2.8V 基准电压源 E_0，经过 R_{20}、PTC（其电阻值为 R_t）和 R_X 之后接模拟地 COM，并以 R_{20} 上的压降作为基准电压。且由于被测电阻 R_X 为高阻，有 $R_X>>R_{20}+R_t$。因此，基准电压为

$$U_{REF} = \frac{R_{20}}{R_{20}+R_t+R_X} \cdot E_0 \approx \frac{R_{20}}{R_X} \cdot E_0$$

另由 R_{49} 和 R_{50} 组成固定式分压器，以 R_{50} 上的压降作为 ICL7106 的输入电压 U_{IN}，现有 R_{50}=10 kΩ、R_{49}=990 kΩ、E_0=+2.8V，则输入电压 U_{IN} 为

$$U_{IN} = \frac{R_{50}}{R_{49}+R_{50}} \cdot E_0 = \frac{10}{990+10} \cdot E_0 = 0.01E_0 = 28\,mV$$

所以有

$$\frac{R_{REF}}{R_{IN}} = \frac{R_{20}}{R_X} \cdot \frac{R_{49}+R_{50}}{R_{50}}$$

则

$$R_X = \frac{R_{20}(R_{49}+R_{50})}{R_{50}} \cdot \frac{R_{IN}}{R_{REF}} = \frac{1M\Omega(990k\Omega+10k\Omega)}{10k\Omega} \cdot \frac{R_{IN}}{R_{REF}} = 100\,M\Omega \times \frac{R_{IN}}{R_{REF}}$$

这就是 200MΩ 高阻挡的测量原理。

图 4-28　高阻挡（200MΩ 挡）电阻测量电路

在半量程时，R_X=100MΩ。此时有 $U_{REF}=U_{IN}$，根据 ICL7106A 的比例读数特性，仪表显示值应为 1000。因此，只要把小数点定在十位上，显示值即为 100.0MΩ。

在满量程时，R_X=200MΩ，此时有 $U_{REF}=U_{IN}/2$=28mV/2=14mV。因 U_{REF} 值减小一半，就相当于把 U_{IN} 提高了一倍，故仪表溢出。因此，该挡只能测量 200MΩ 以下的高阻。但若将 R_{20} 的阻值改为 10MΩ，则该电阻挡就成为 2000MΩ 超高阻测量挡。

②高阻挡的误差分析。零点误差。当 R_X=0 时，因常温下 $R_{20}>>R_t$，故 $U_{REF}=E_0$，而 U_{IN}=0.01E_0。根据公式 R_X=100MΩ×R_{IN}/R_{REF}=100MΩ×U_{IN}/U_{REF} 得到 R_X=1MΩ。鉴于 200MΩ 挡最大显示值为 199.9MΩ，所以 1MΩ 的电阻值就折合 10 个字。这表明对 3½ 位数字欧姆表而言，该挡存在 10 个字的固有零点误差，需将测量值减

去 1MΩ 才为实际值。对于 4½ 位数字欧姆表，1MΩ 折合 100 个字，就存在 100 个字的零点误差。

测量误差。3½ 位、4½ 位仪表的 200MΩ 高阻挡测量误差分别为：±（5%U_X+10 个字），±5%[（U_X–100 个字）+10 个字]。为减小分压器误差，R_{49} 和 R_{50} 应选用误差为 ±0.5% 的金属膜电阻。需要指出，当 R_x<20MΩ 时，应改用 20MΩ 电阻挡测量，因 R_x 阻值较低，R_x>>R_{20}+R_t 的条件不再成立，所以必须对 R_x 的计算式进行修正。此外，200MΩ 的准确度指标要低于常规电阻挡，后者为 ±0.5% ～ ±1%。

5．测量电容的电路

传统的数字仪表采用脉宽调制法测量电容，其缺点是电路本身不能自动调零，每次测量之前都需要手动调零，从而延长了测量时间。采用容抗法可圆满解决上述问题，实现电容挡的自动调零。

（1）容抗法测量电容的原理

容抗法测量电容的设计思路是先用 400Hz 正弦波信号将被测电容量 C_X 变成容抗 X_C，然后进行 C/U 转换，把 X_C 转换成交流信号电压，再经过 AC/DC 转换器取出平均值电压 U_o，送至 3½ 位 A/D 转换器。由于 U_o 与 C_X 成正比，只要适当调节电路参数，即可直接读出电容量。容抗法测量电容的优点是能自动调零，缩短了测量时间。

测量电容的原理框图如图 4–29 所示，由 400Hz 的 RC 文氏电桥振荡器，缓冲放大与电压调节（用于调节 u_i 的大小，进行容量校正），C/U 变换与量程切换，400Hz 二阶有源带通滤波器，交流 / 直流转换器（AC/DC），数字电压表（DVM）组成。

$$C/U变换：\quad u_o = -\frac{R_f}{X_C}u_i = -2\pi f R_f C_X u_i \propto C_X \qquad 即 u_o 与 C_X 成正比(u_i 与 C_X 成正比，频率为400Hz的正弦波)$$

图 4–29　测量电容的原理

C/U 变换采用容抗法，是用 400Hz 的正弦信号 u_i 加在运放的输入端，以被测电容器的容抗（X_C = 1/2 π f C_X）作为运算放大器的输入阻抗，因此运放的增益为 A_{uf}=–R_f/X_C，运放的输出电压为 u_o=A_{uf} u_i= –2$π_f$ R_f C_X u_i，当 u_i 的频率为 400Hz、幅度调整为 40mV（有效值）时，运放输出电压 u_o 的有效值 U_o≈100 R_f C_X，即输出电压 u_o 的幅度与被测电容的容量 C_X 成正比。若选取 2000pF 为电容器的最小测量挡位，当 C_X 为 2000pF 时，则取 R_f 为 1MΩ，则 u_o 的有效值为 200mV。这个电压经 400Hz 带通滤波器滤除干扰，并经交流 / 直流转换器取出平均值电压（$\overline{U_O} = 200\ mV$），送到 200mV 的数字电压表（DVM）中再经 A/D 变换和显示译码与驱动，最后由 LCD 显示满量程数值（显示 1999pF 或 2.00nF）。

对于电容测量的量程切换，若电容器的容量增加了 10 倍（C_X 为 20nF 时），只要通过量程切换开关将运放的反馈电阻 R_f 减少 10 倍（阻值切换为 100kΩ），则 C/U 变换的关系式 $U_O \approx 100\ R_f C_X$ 的值不会变化，LCD 显示的七段码也不会改变，此时的 LCD 指示值，只要在量程切换时通过小数点指示电路将 LCD 显示的小数点向右移 1 位（变为 20.0nF）即可。

综上所述，测量电容量的过程可归纳为：RC 文氏桥振荡器→ C/U 转换器 → AC/DC 转换器→ A/D 转换器。

（2）具有多个量程的电容挡测量电路

5 量程数字电容表的电路如图 4–30 所示，5 个量程分别为 2nF、20nF、200nF、2μF、20μF，测量准确度为 ±2.5%。电路由 IC4 组成，选用四运放 LM324（IC4A、IC4B、IC4C、IC4D）。其中，IC4B 和 R_{56}、C_{14}、R_{51}、C_{15} 构成 RC 文氏桥正弦振荡器。振荡频率为

$$f = \frac{1}{2\pi\sqrt{R_1 R_2 C_1 C_2}}$$

取 $R_{56}=R_{51}=39.2$kΩ，$C_{14}=C_{15}=0.01$μF，可得到 $f \approx 400$Hz，输出波形为正弦波。IC4C 是缓冲放大器，RP_3 为电容表的校准电位器，调节 RP_3 可使加到被测电容 C_X 上的电压为 40mV 左右。

IC4D 为电压放大器，并由该放大器进行 C/U 变换和量程切换。其特点是负反馈电阻（$R_{44} \sim R_{48}$）的阻值依电容的量程而定，并且以被测电容的容抗 X_C 作为运放的输入电阻。IC4D 的电压增益与 X_C 成反比，输出电压则与 C_X 成正比，从而实现了 C/U 转换。

由 IC4A、$R_{57} \sim R_{59}$、C_{16} 和 C_{17} 构成二阶有源带通滤波器 BPF，其中心频率

$$f = \frac{1}{2\pi C_{16}}\sqrt{\frac{1}{R_{57}}\left(\frac{1}{R_{58}} + \frac{1}{R_{59}}\right)}$$

取 $C_{16}=0.01$μF、$R_{57}=168$kΩ、$R_{58}=76.8$kΩ、$R_{59}=11$kΩ，则得到 BPF 的中心频率为 $f_0 \approx 400$Hz。当然，也可以将该有源带通滤波器看成有源 LPF 和有源 HPF 组合而成：并联电阻 R_{58}/R_{59} 与电容 C_{16} 组成低通电路，其上限截止频率 $f_L = 1/[2\pi(R_{58}//R_{59})C_{16}] \approx 1.6$ kHz；电容 C_{17} 与电阻 R_{57} 组成高通电路，其下限截止频率 $f_H = 1/(2\pi R_{57}C_{17}) \approx 100$Hz。在 $f_H \sim f_L$ 之间形成了一个带通，从而构成带通滤波

电路BPF。带通滤波器的中心频率位于f_H与f_L的各自4倍频处，即f_0=400Hz。有源带通滤波器BPF只让400Hz信号通过，能滤除其他频率的杂波干扰，使IC4A的输出电压为400Hz的正弦波，再经过交流－直流转换器（AC/DC）获得平均值的直流电压U_O，送至DVM进行"模拟－数字"转换（ADC）。

图4-30 具有5个量程的电容挡测量电路

需要指出，$R_{44}\sim R_{48}$为IC4D的负反馈电阻R_f，但R_f值依量程而定。例如，在2nF挡，$R_{f1}=R_{44}+R_{45}+R_{46}+R_{47}+R_{48}=1M\Omega$；而在20nF挡，$R_{f2}=R_{45}+R_{46}+R_{47}+R_{48}=100k\Omega$，即$R_{f2}/R_{f1}=1/10$。其余电容挡依次类推。这是因为当$C_X$增加到10倍（从2nF增至20nF）时，必须将$R_f$值减小到原来的1/10，才能保证电容挡的总增益不变，使A/D转换器始终工作在200mV基本量程（对应于2nF基本电容挡）。这样既实现了电容量程的扩展，又简化了电路设计。电路中的电位器RP$_3$仅供校准用，一经调好后就不再变动。VD$_{09}$～VD$_{12}$为过电压保护二极管，防止因误测带电的电容器而损坏仪表。

6. 检测二极管和晶体三极管的电路

利用数字万用表可以测量二极管的正向压降U_F和三极管的共发射极电流放大系数hFE。

（1）测量二极管正向压降 U_F 的电路

二极管的测量电路如图 4-31 所示。其工作原理是首先把被测二极管的 U_F 值转换成直流电压，然后由 200mV 数字电压表 DVM 测量并显示出来。

+2.8V 基准电压源经过 R_{36}、VD_{07}、R_{35} 向被测二极管 VD 提供大约 1mA 的工作电流。二极管正向压降 UF 为 0.55~0.7V（硅管）或 0.15~0.3V（锗管），需经过 R_{34}、R_{37} 分压后衰减到原来的 1/10，才能送至 200mV 的数字电压表 DVM，最终显示出 U_F 值。此时 $U_{IN} = 0.1U_F$。由于 $I_F \approx 1mA$，故仅适合测量小功率二极管的正向压降。

由 VD_{07}、VD_{08} 和 R_{35} 构成二极管测量挡的保护电路。假如不慎误用该电路去测 220V 交流电压，正半周时 VD_{07} 反向偏置而截止，电路不通，不会影响 ICL7106 的 1 脚供电电压。负半周时电流通过 COM → VD_{08} → VD_{07} → R_{35} 形成回路，从而可保护仪表不受损坏。限流电阻 R_{35} 选为 600 ~ 900Ω 的热敏电阻，随着电流的增加其阻值急剧增加，可保证回路电流 $I \approx 220V/R_{35}$ 不致过大，达到保护目的。VD_{07} 和 VD_{08} 采用耐压为 400V 以上的 1N4007 型硅整流管。分压电阻 R_{34} 与 R_{37} 宜选误差为 ±1% 的金属膜电阻。

图 4-31 二极管正向导通电压测量电路

（2）测量晶体管 hFE 的电路

晶体管电流放大系数 hFE 近似等于集电极电 I_C 与基极电流 I_B 之比，即 hFE $= I_C/I_B$。

测量晶体管 hFE 的电路如图 4-32 所示，测量范围是 0 ~ 1000（倍）。图 4-32（a）为 NPN 管的 hFE 测量电路，R_{42} 为三极管的 B 极偏置电阻，可提供约 10μA

的基极电流，即 $I_B \approx$（2.8V–0.6V）/220kΩ=10μA。I_B 通过晶体三极管放大后得到发射极电流 I_E，I_E 在取样电阻 R_{41} 上形成压降，该电压作为数字电压表 DVM 的输入电压 U_{IN}。因为 $I_E \approx I_C$，故 $U_{IN} = I_E R_{41} = I_C R_{41} = hFE I_B R_{41}$，代入 I_B=10μA，R_{41}=10Ω 得到 U_{IN}=0.1hFE（mV），即 hFE=$10U_{IN}$。显然，选择 200mV 数字电压表 DVM，将 U_{IN} 的单位取 0.1mV，再令小数点消隐后即可直接读出 hFE 值。由于 E_0 可提供的电流有限，规定 $I_C \leqslant$ 10mA，所以 hFE 的测量范围为 0~1000。

对于 PNP 管的 hFE 测量电路，需改变 E_0 的极性，并将 R_B 移至集电极电路中，如图 4–32（b）所示。

带 hFE 插口的测量电路如图 4–33 所示，其特点是利用一个 8 芯 hFE 插座来分别测量 PNP、NPN 管的 hFE。基极偏置电路由固定电阻 R_{42} 或 R_{43} 组成。R_{41} 为取样电阻。为便于插入被测管，hFF 插座上有 4 个 E 孔，每侧两个 E 孔在内部连通。可任选其中的一个。

（a）NPN 测量电路　　　　　　　（b）PNP 测量电路

图 4–32　晶体管电流放大系数 hFE 测量电路

图 4–33　带 8 芯 hFE 插口的测量电路

7. 自动关机及蜂鸣器电路

给数字多用表 DMM 增加自动关机电路，可避免因忘记关断电源而长时间空耗电池，从而延长电池的使用寿命。蜂鸣器电路能配合数字万用表的二极管测试挡检查线路的通断。

（1）自动关机电路

自动关机电路的特点是当仪表停止使用一段时间（如 14min）之后，能自动切断电源，使仪表进入微功耗的备用模式，亦称休眠模式（Sleep Mode）。重新启动时只需要按动两次电源按钮开关，即可恢复正常测量。

数字万用表的自动关机电路如图 4-34 所示。由 9V 叠层电池 E、电源开关 S_2、电解电容器 C_{01}、电阻 E_{05}、电压比较器（IC2A，LM358）、NPN 型晶体管 VT_2（9014）、PNP 型晶体管 VT_1（9015）等组成。其中，R_{05} 和 C_{01} 起定时作用，VT_2 为推动管，VT_1 起开关作用。二极管 VD_{01} 用来提高 VT_2 的发射极电位，VD_{02} 为隔离二极管。

图 4-34　自动关机电路

当按键开关 S_2 拨至"OFF"（关断）位置时，仪表内部的 9V 叠层电池 E 向 C_{01} 充电，使 $U_{C01} = E$。当 S_2 拨至"ON"（接通）位置时，C_{01} 的正极经过开关接到 LM358 的第 3 脚，电池 E 的正极则经过开关加至 VT_1 的发射极。令 LM358 的同相与反相输入端电压依次为 U_3、U_2。初始状态下，$U_3 = E = 9V$，$U_2 = E \cdot R_{01}/(R_{01}+R_{03}) = 1.6V$。因 $U_3 > U_2$，故 LM358 的 1 脚输出高电平，使 VT_2 和 VT_1 导通，由 VT_1 将 ICL7106 芯片的电源 U_+ 接通。

随着 C_{01} 不断向 R_{05} 放电，使 U_3 逐渐下降，当 $U_3 < 1.6V$ 时，比较器翻转，1 脚输出为低电平，使 VT_2 和 VT_1 截止，整机电路的供电 U_+ 被切断，仪表停止工作。

设自动关机电路的每次供电时间为 t，根据电容放电电路的公式

$$U_{C01}(t) = E \cdot e^{-\frac{t}{R_{05}C_{01}}}$$

可得

$$t = R_{05}C_{01} \ln \frac{E}{U_{C01}(t)}$$

将 R_{05}=10 MΩ = 10^7 Ω，C_{01}=47 μF = 4.7×10^{-7} F，E=9 V，$UC_{01}(t) = U_2 = 1.6$ V 代入上式中，得到自动关机的供电时间为 t= 812 s ≈ 14 min。

改变 C_{01} 的容量，即可改变 t 值。在自动关机之后，仪表进入微功耗模式，静态电流 $I=E/(R_{01}+R_{03})$=7.4 μA。

当数字万用表的电池 E= 9.0 V 时，图 4–36 中各工作点与电源负端之间的典型电压值如表 4–12 所示。

表 4–12　各工作点与电源负端之间的典型电压

各级工作点	VT$_1$ 的 e 极	VT$_1$ 的 b 极	VT$_1$ 的 c 极	VT$_2$ 的 b 极	VT$_2$ 的 c 极	IC2A ③脚	IC2A ②脚	IC2A ①脚
正常工作点电压值 /V	9.0	8.26	8.9	1.24	0.66	9.0	1.6	7.6
自动关机状态的电压值 /V	9.0	8.31	1.22	0.56	8.34	1.48	≤ 1.6	0.54

（2）蜂鸣器电路

蜂鸣器电路是利用数字万用表的二极管测试挡来检测线路通断的。其优点是操作者不必观察显示值，只需注视被测线路和表笔，凭蜂鸣器有无声音来判定线路的通断，不仅操作简便，而且能大大缩短检测时间。

蜂鸣器电路如图 4–35 所示。运放 IC3B（1/2 LM358）作比较器，其同相输入端（第 5 脚）接参考电压 U_5=2.8×30/2030=0.041V=41mV。比较器的反相输入端（第 6 脚）电压为 U_6，当 $R_X \to \infty$ 时，$U_6 \approx U_+ - U_{COM}$ = +2.8V。因 $U_5 < U_6$，故比较器输出低电平，VT$_4$ 无供电电压，振荡器无法振荡，蜂鸣器不发声。当 $R_X \to 0$ 或小于某一阻值（如 30 Ω），使 $U_6 < 41$mV 时，有 $U_5 > U_6$，比较器输出高电平，于是 VT$_4$ 得到供电可以正常工作，由 VT$_4$ 与压电陶瓷三端蜂鸣器 BZ 构成的振荡器开始起振，蜂鸣器发出 4kHz 左右的声音。R_{15} 是 VT$_4$ 的 B 极偏置电阻，R_{16} 是音频振荡器的正反馈电阻。由三端压电陶瓷蜂鸣器上引出部分反馈电信号，通过 R_{16} 送入 VT$_4$ 的 B 极而构成正反馈，VT$_4$ 对该信号放大后从 C 极输出到三端蜂鸣器，从而保证音频振荡器正常工作。

图 4-35 蜂鸣器电路

（五）DT9205A 数字万用表的操作使用

1. 使用时的注意事项

①后盖没有盖好前严禁使用，否则有电击危险。

②量程开关应置于正确测量位置。

③检查表笔绝缘层应完好，无破损和断线。

④红、黑表笔应插在符合测量要求的插孔内，保证接触良好。

⑤输入信号不允许超过规定的极限值，以防电击和损坏仪表

⑥严禁量程开关在电压测量或电流测量过程中改变挡位，以防损坏仪表。

⑦必须用同类型规格的保险丝更换损坏的保险丝。

⑧为防止电击，测量公共端 COM 和大地之间电位差不得超过 1000V。

⑨被测电压高于直流 60V 或交流 30V 的场合，均应小心谨慎，防止触电。

⑩液晶屏显示电量不足符号时，应及时更换电池，以确保测量精度。

⑪测量完毕应及时关断电源，长期不用时应取出电池。

⑫不要在高温、高湿环境中使用，尤其不要在潮湿环境中存放，受潮后仪表性能可能变劣。

⑬请勿随意改变仪表线路，以免损坏仪表和危及安全。

⑭维护时，请使用湿布和温和的清洁剂清洗外壳，不要使用研磨剂或溶剂。

2. DT9205A 数字万用表的使用方法

使用前，应认真阅读 DT9205A 数字万用表的使用说明书，熟悉电源开关、

量程开关、插孔、特殊插口的作用。

　　只有当电池的电量正常时，才能保证数字万用表测量结果的准确性。如果在接通电源开关时，显示器上有低电压符号"⊏⊐⊣⊢"显示，则说明电池的电量不足，需要更换电池；如果显示器没有低电压符号"⊏⊐⊣⊢"显示，则说明电池的电量正常。

　　使用过程中要特别注意，在每次测试之前，须将功能开关置于所需要的挡位与量程上。

　　DT9205A 数字万用表的具体使用方法如下：

　　（1）交流 / 直流电压测量

　　①将黑表笔插入"COM"插孔。红表笔插入"V/Ω"插孔。

　　②将量程开关转至 DCV 挡位或 ACV 挡位的相应量程上。

　　③将仪表的两个测试表笔接入被测电路的两点，被测电压值及红色表笔点的电压极性将同时显示在屏幕上。

　　注意：

　　①如果事先对被测电压的范围没有概念，应将量程开关转到最高挡位，然后根据显示值转至相应挡位上。

　　②改变量程时，表笔应与被测点断开。

　　③未测量时小电压挡有残留数字，属正常现象不影响测试，如测量时高位显"1"，表明已超过量程范围，须将量程开关转至较高挡位上。

　　④测量交流电路时请选择挡位 ACV，直流电路请选择 DAV。输入电压切勿超过直流电压 1000V，交流电压有效值 750V（最大值约为 1000V）。如超过，则有损坏仪表线路的危险。

　　⑤在测量电压的过程中，注意避免身体触及高压电路。

　　⑥不允许用电阻挡和电流挡测电压。

　　⑦不测量时，应关断电源开关。

　　（2）交流 / 直流电流测量

　　①黑表笔插入"COM"插孔，红表笔插入"mA"插孔（最大可测 200mA），或红表笔插入"20A"中（最大可测 20A）。

　　②将量程开关转至 DCA 挡位或 ACA 挡位的相应量程上。

　　③将仪表的测试笔串入被测电路中，被测电流值及红表笔点的电流极性将同时显示在屏幕上。

　　注意：

　　①如果使用前不知道被测电流范围，将功能开关置于最大量程并逐渐下降。

②如果显示器只显示"1"，表示过量程，功能开关应置于更高量程。

③插孔"mA"的最大输入电流不应超过 200mA，过量的电流将烧坏保险丝；20A 量程无保险丝保护，测量时间不能超过 15 秒。

（3）电阻测量

①将黑表笔插入"COM"插孔，红表笔插入"V/Ω"插孔。

②将功能开关转至相应的电阻量程上。

③将两表笔跨接在被测电阻上，电阻值则显示于显示屏上。

注意：

①如果电阻值超过所选的量程值，则会显"1"，这时应将开关转高一挡。当测量电阻值超过 1MΩ 以上时，读数需几秒时间才能稳定，这在测量高电阻值时是正常的。

②当输入端开路时，则显示过载情形"1"。

③测量在线电阻时，要确认被测电路的所有电源已关断而所有电容都已完全放电时才可进行；被测线路中如有电源和储能元件，会影响线路阻抗测试的正确性。

④万用表的 200MΩ 挡位，短路时有 10 个字，测量一个电阻时，应从测量读数中减去这 10 个字。例如，在测一个电阻时，显示为 101.0，应从 101.0 中减去 10 个字，则被测元件的实际阻值为 100.0，即 100MΩ。

⑤请勿在电阻量程测量输入电压。

⑥不测量时，应将电源开关切换为 OFF。

（4）电容测试

①将功能开关置于电容挡位的相应量程。

②将电容器插入电容测试座中，则显示屏上会显示出电容值。

注意：

①仪器本身已对电容挡设置了保护，故在电容测试过程中不用考虑电容的极性及充放电等情况。

②测量电容时，将电容插入专用的电容测试座中，不要插入表笔插孔中。

③测量大电容时稳定读数需要一定的时间。

④连接待测电容之前，注意在每次转换量程时，复零需要时间，有漂移读数存在不会影响测试精度。

（5）二极管测试及电路通断测试

①将黑表笔插入"COM"插孔，红表笔插入"V/Ω"插孔，红表笔的极性为"+"。

②将功能开关置于"二极管"测试挡，并将 2 只表笔连接到待测二极管上。

③当红表笔接二极管正极，黑表笔接二极管负极时，显示屏读数为二极管正向压降（mV）的近似值。

④将表笔连接到待测线路的两点，如果内置蜂鸣器发声，则表示两点之间的电阻值小于（50±20）Ω。

（6）晶体管电流放大倍数（hFE）测试

①将功能开关置 hFE 量程。

②确定晶体管是 NPN 或 PNP 型，将基极 B、发射极 E 和集电极 C 分别插入面板上相应的插孔。

③显示器上将读出 hFE 的近似值。测试条件：数字万用表提供的基极电流 $I_B \approx 10\mu A$，集电极到发射极电压为 $U_{CE} \approx 2.8\ V$。

（7）自动电源切断使用说明

①仪表设有自动电源切断电路，当仪表工作时间达 14min 左右时，电源将自动切断，仪表进入睡眠状态，这时仪表约消耗 7μA 的电流。

②当仪表电源切断后若要重新开起电源，请重复按动电源开关两次。

3. 数字万用表的维护与保养

数字万用表是一台精密电子仪器，不要随意更换线路，并注意以下几点：

①注意防水、防尘、防摔。

②不宜在高温、高湿、易燃和强磁场的环境中存放、使用仪表。

③清洁仪表外壳时，应使用湿布和温和的清洁剂，不要使用研磨剂或酒精等烈性溶剂。

④如果长时间不使用，应取出电池，防止电池漏液而腐蚀仪表。

⑤在电池没有装好或后盖没有上紧时，请不要使用此表。

⑥使用时不要接高于 1000V 直流电压或高于 750V 交流有效值电压。

⑦不要在功能开关处于"Ω"和"A"位置时，将电压源接入。

⑧只有在测试表笔移开并切断电源以后，才能更换电池或保险丝。

七、利用数字万用表测量频率的电路

利用频率/电压 (f/U) 转换器配接数字电压表，可以测量频率。测量电路如图 4-36 所示。测量范围是 10Hz ～ 20kHz，测量准确度可达 ±1%，被测频率信号有效值为 50mV ～ 10V。

其测量原理是先利用 f/U 转换器把被测频率信号转换成直流电压，然后经 A/D 转换器转换成 7 段码并驱动 LCD 显示结果。

图 4-36　测量频率的电路

频率／电压转换电路主要包括运算放大器 TL061（IC$_1$），CMOS 六反相器 CD4069（IC$_2$，仅用反相器 D$_1$、D$_2$），CMOS 定时器 ICM7555（IC$_3$），再配以 3½ 位或 4½ 位 A/D 转换器。其中，IC$_1$ 作电压放大器，IC$_2$ 起到整形与缓冲的作用，IC$_3$ 构成 f/U 转换器。配 3½ 位、4½ 位 A/D 转换器时，分辨力分别为 10Hz、1Hz。输入频率信号 U_{IN} 经限流电阻 R_1 加至 IC$_1$ 的同相输入端，利用 IC$_1$ 作开环电压放大。VD$_1$ 和 VD$_2$ 为输入级双向限幅二极管，可将 U_{IN}′ 限制在 0.7V 左右，起到保护作用。C$_1$ 为隔直电容。R_3 和 R_4 是偏置电阻，可将反相器 D$_1$ 的工作点偏置在电源电压的中点：（$U_+ - U_-$）/2=9/2≈4.5V。D$_1$、D$_2$ 起到整形作用，使放大后的信号变成沿口陡峭的矩形脉冲，以便于进行 f/U 转换。D$_2$ 的输出信号经 C$_2$ 耦合到 ICM7555 的第 2 脚。R_5、R_6 也是偏置电阻，因 IC$_3$ 的电源取自 ICL7106 的 U_+ 与 COM 之间，故其第 2 脚的工作点是（$U_+ - U_{COM}$）/2=E/2=1.4V。考虑到经多级放大整形后频率信号的沿口很陡，耦合电容 C$_2$ 仅为 10pF，目的是减小时间常数。若 C$_2$ 的容量过大，则读数趋于稳定的时间将大为延长。为保证 f/U 转换能持续进行，ICM7555 的复位端接 U_+，目的是使电路总不复位。控制电压端（第 5 脚）悬空不用。R_7 为定时电阻，C$_3$ 是定时电容。ICM7555 在这里作单稳态触发器使用，触发脉冲为低电平有效。7555 内含两个比较器和一个 RS 触发器。当第 2 脚输入电平从负向跳变到 U_+/3 时，RS 触发器翻转，OUT=1，此时 U_+ 通过 R_7 对 C$_3$ 充电。当 $U_{C3} = 2U_+ / 3$ 时，RS 触发器再次翻转，OUT=1 这样每触发一次第 2 脚，

就从第 3 脚输出一个正向脉冲。设高电平脉冲宽度为 t（s），有公式

$$t_1 = -R_7C_3\ln 1/3 = 1.1R_7C_7$$

从第 3 脚输出的脉冲序列通过 R_8、R_P 和 R_9 分压，再经过 C_4、R_{10}、C_5 滤波，获得平均值电压。因 t 是固定的，故触发频率 f 越高，在单位时间内产生的脉冲数也越多，由此获得的平均电压 $\bar{U}_o$ 越大。这表明 $\bar{U}_o$ 与 f 严格成正比，这就是利用 ICM7555 实现 f/U 转换的原理。RP 为校准电位器，调整它可使仪表直接显示出频率值。用该仪表实测 XFD － 6 型低频信号发生器输出的 800Hz、0.9V（RMS）正弦波信号，显示值为 80。因频率表的 1 个字代表 10Hz，故显示值 $N=80$，即表示输入频率 $f=800$Hz。利用示波器观察图 4–37 频率测量电路中各工作点的波形，如图 4–37 所示。

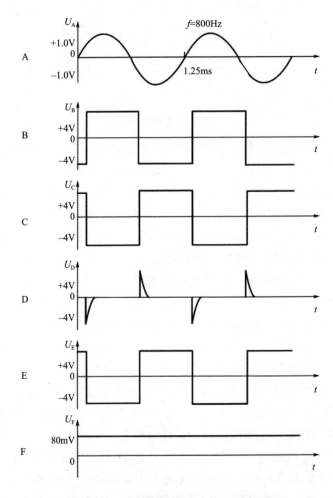

图 4-37　频率测量电路中各工作点的波形

该电路在应用时应注意以下事项：

①由公式 $t_1 = -R_7 C_3 \ln 1/3 = 1.1 R_7 C_7$ 不难看出,通过改变定时电阻即可调节脉宽 t_1,从而改变 $\bar{U}_O$ 值。由此,可设计成多量程数字频率表。欲设计 20kHz、200kHz 两个频率挡,需使用两套定时电阻,各由固定电阻与电位器串联而成,可单独调节。

②该数字频率表的特点是将 f/U 转换器与 200mV 数字电压表配套使用。它与数字频率计有本质区别,后者由数字电路构成,不作 A/D 转换。

③ VD_1、VD_2 采用 1N4148 硅开关二极管。R_1—R_6、R_{10} 选碳膜电阻。R_7—R_8 使用误差为 ±1% 的金属膜电阻。C_1—C_3 选用瓷片电容、C_4 和 C_5 可用涤纶电容。

④上述电路还可配 ICL7129 型 4½ 位 A/D 转换器,此时 U_+~COM 之间的电压 E_0 = +3.2V。

八、利用数字万用表测量脉冲占空比的电路

将脉冲占空比检测电路配以数字电压表,就能迅速、准确地测量脉冲占空比。测量占空比的电路如图 4–38 所示。占空比的测量范围为 D =0 ～ 100%,准确度可达 ±0.2% ～ ±2%。输入脉冲的幅度范围是 0.6 ～ 10V,频率范围是 20Hz ～ 1MHz。

图 4-38 测量占空比的电路

检测电路由输入端保护电路、电压放大器、电阻分压器及校准电路组成,配上由 ICL7106 构成的 200mV 数字电压表。输入脉冲信号用 U_{IN}(f_i)表示,其占空比允许测量范围为 0 ～ 100%。R_1 是限流电阻,VD_1 和 VD_2 均采用高速硅开关二极管 1N4148,构成双向限幅过电压保护电路。D_1、D_2 均为 CMOS 反相器,可合用一片 CD4069,电源电压取自 ICL7106 内部的 +2.8V 基准电压源 E_0。R_f 可将 D_1 偏置在线性放大区。脉冲信号经 D_1、D_2 放大后,幅度 U_P≈2.8V。再经过 R_2 和 RP 分压,幅度降成 U'_P,其平均值为 $\bar{U}_{IN}$。RP 是占空比校准电位器,调整 RP 可

使 U_p' =100mV。U_p、U_p' 的幅值可用示波器或峰值电压表监测。R_3 与 C 构成模拟输入端的高频滤波器。由于 DVM 输入的是脉冲电压，所以它反映的就是脉冲平均值电压 $\bar{U}_{IN}$，而 $\bar{U}_{IN}$ 与占空比 D 有关，即 $\bar{U}_{IN} = DU_p'$。

根据 ICL7106 的测量原理，显示值应为 $N = 1000\bar{U}_{IN} / U_{REF} = 1000\bar{U}_{IN} / 100.0 = 10\bar{U}_{IN}$ 即 $\bar{U}_{IN} = 0.1N$。将 $\bar{U}_{IN} = 0.1N$ 代入 $\bar{U}_{IN} = DU_p'$ 中，考虑到 $U_p' = 100$mV，故 $U_{IN}=D\,U_p' = D \times 100$mV $= 100D$（mV）$= 0.1N$，即 $D = 0.001N = 0.1N$（%）。显然，用 200mV 数字电压表即可直读脉冲占空比。

在实际测量中，利用 1632 型函数脉冲发生器输出 20Hz~1MHz，幅度为 4V、D=10% ～ 90% 的脉冲波形，由上述占空比测量仪测量出占空比，对全部测量数据进行整理分析的结果是，其占空比的测量误差一般不超过 ±2%，完全可满足常规测量的需要。

九、利用数字万用表测量温度的电路

下面介绍一种利用数字万用表构成新型数字式测温仪表的电路，该测温电路为电桥结构，能对热电偶自动进行温度补偿，它不仅能对冷端温度进行自动补偿，还能利用内置硅晶体管发射结（或硅二极管）的负温度系数去补偿 K 型热电偶的正温度系数，全部量程实现了自动温度补偿，并能直接测量室温。

测温电桥的电路如图 4-39 所示。由它构成的数字温度计，电路简单，成本低廉，准确度高，便于调试。其测温准确度可达 ±1% 左右，分辨力为 1℃。

图 4-39　测温电桥电路

四个桥臂分别由 VT 和 R_1，R_2，R_3 和 RP_1a，RP_1b 和 R_4 组成。RP_1 选用 100 Ω 电位器，这里以 RP_1a 和 RP_1b 分别表示 a 端至触头、触头至 b 端之间的电阻。VT 选用 2N3904（或 JE9013）型 NPN 晶体管，将其集电结短接后代替二极管，对 K 型热电偶的冷端温度进行补偿，VT 的发射结还可以作为温度传感器使用。由 R_1、R_2 组成分压器，其分压比为 $K=R_2/（R_1+R_2）$。

K 型热电偶接在 A、B 两点，测温电桥的输出电压就作为 ICL7106 型单片 A/D 转换器的输入电压 U_{IN}。现采用差动输入方式，IN 一端经桥臂电阻（RP_1a+R_4）接模拟地。测温电桥的供桥电压取自 ICL7106 内部 +2.8V 基准电压源 E_o。K 型热电偶具有正的电压温度系数，α_{TK} = 41.269 μV/℃ ≈40 μV/℃。假定被测温度 T=100℃（热端），室温 T_A=20 ℃（冷端），此时热电势 $e = \alpha_{TK} \cdot （T - T_A）=$ 40 μV/℃ ×（100 − 20）℃ = 3.2 mV。这恰好对应于 80 ℃的毫伏值，极性如图 4-40 所示，与热电偶的极性一致。这表明，测量温度为 100 ℃时，仪表仅显示 80 ℃，比实际被测温度低 20 ℃，而 20 ℃ 就对应 0.8 mV（准确值是 0.798 mV）。若将 e 视为电源，只要给它串联一个附加 0.8 mV 热电势 e_1，使（$e+e_1$）恰好等于 100 ℃所对应的热电势（4.095 mV，近似取 4 mV），则仪表可显示 100 ℃。实际上，只需把 A 点电位降低 e_1 值，就相当于串入反极性的附加电势 e_1，使 B 点电位提升到（$e+e_1$），同样能直读温度值。这就是对冷端温度进行补偿的原理。下面介绍具体电路的工作原理。

众所周知，硅晶体管发射结（PN 结）的正向导通压降 U_{BE} 与温度 T 成正比，且电压温度系数 α_{TBE} 为负值，通常 α_{TBE} = −（2.0 ～ 2.5）mV/℃。但具体到某只管子，α_{TBE} 值则为定值。假定 2N3904 的 α_{TBE} = −2.4 mV/℃，现以 A 为参考点，当 T_A=20 ℃时，VT 发射结正向电压的变化量 $\Delta U_{BE} = \alpha_{TBE} \cdot T_A$ =−2.4 mV/℃ ×20 ℃ = −48 mV。ΔU_{BE} 经过 R_1、R_2 分压，迫使 A 点电位降低。有关系式

$$\Delta U_A = K\Delta U_{BE} = \frac{R_2}{R_1 + R_2} \cdot \Delta U_{BE}$$

代入 R_1=15 kΩ、R_2=276 Ω、$\Delta U_{BE} \approx −48$ mV，可得 $\Delta U_A \approx −0.8$ mV。这正是 K 型热电偶在冷端温度为 20℃时所需的补偿电势 e。推而广之，在整个测温范围内上述电路均可对 K 型热电偶的参考端温度进行补偿。

该电路具有以下 4 个方面的特点：

①利用硅管发射结导通压降的负温度系数去补偿 K 型热电偶的正温度系数。

②鉴于 $|\alpha_{TBE}| >> \alpha_{TK}$，需借助分压器使 $|\alpha_{TBE}| = \alpha_{TK}$，从而实现了温度全自动补偿。

③插上热电偶之后仪表显示的是被测温度 T；未插热电偶时，由 R_5 将桥路的输出端接通，仪表显示常温 T_A（室温），测量室温的范围是 0 ～ 40℃。热电偶的

测温范围则取决于其型号。例如，选用 TP03 微型热电偶时为 −50 ～ 1300 ℃。

④该数字温度仪表在 −40 ～ 400 °C时的准确度为 ±0.75%，在 400 ～ 1000 ℃时的准确度为 ±1.5%，分辨力是 1℃。

该电路的校准有 2 只电位器。RP$_1$ 用于 0 ℃时的校准，可与标准水银温度计一同置于冰水混合物中，调整 RP$_1$ 使仪表的显示值为 0.00 ～ 0.01℃；RP$_2$ 用于 100 ℃时的校准，可与标准水银温度计一插入 100 ℃沸水中，调整 RP$_2$ 使仪表的显示值为 99 ～ 100℃。调试完毕，将 RP$_1$ 和 PR$_2$ 用胶或石蜡封固。

附 录　电子产品装调实训

一、人体触电与急救

（一）电工安全操作规程

国家有关部门颁布了一系列电工安全规程规范，各地区电业部门及各单位主管部门也对电气安全有明确规定，电工必须认真学习，严格遵守。为避免违章作业引起触电，应熟悉以下电工基本的安全操作要点。

①工作前必须检查工具、测量仪表和防护用具是否完好。

②任何电气设备内部未经验明无电时，一律视为有电，不准用手触及。

③在线路、设备上工作时要切断电源，经试电笔测试无电并挂上警告牌（如"有人操作，严禁合闸"）后方可进行工作。任何电气设备在未确认无电以前，均作为有电状态处理。不准在设备运转时拆卸修理电气设备。必须在停车、切断设备电源、取下熔断器、挂上"禁止合闸，有人工作"的警告牌，并验明无电后，才可进行工作。

④在总配电盘及母线上进行工作时，在验明无电后应挂临时接地线，装拆接地线都必须由值班电工进行。

⑤临时工作中断后或每班开始工作前，都必须重新检查电源确已断开，并验明无电。

⑥每次维修结束时，必须清点所带工具、零件，以防遗失和留在设备内而造成事故。

⑦由专门检修人员修理电气设备时，值班电工必须进行登记，完工后要做好交待，共同检查，然后才可送电。

⑧必须在低压配电设备上带电进行工作时，要经过领导批准，并要有专人监护。工作时要戴工作帽，穿长袖衣服，戴绝缘手套，使用绝缘的工具，并站在绝缘物上进行操作，邻相带电部分和接地金属部分应用绝缘板隔开。严禁使用锉刀、钢尺等进行工作。

在线路、设备上工作时要切断电源，经试电笔测试无电并挂上警告牌（如

"有人操作，严禁合闸"）后方可进行工作；任何电气设备在未确认无电以前，均作为有电状态处理；高空作业时应系好安全带；扶梯应有防滑措施。使用电烙铁时，安放位置不得有易燃物或靠近电气设备，用完后要及时拔掉电源插头。

⑨禁止带负载操作动力配电箱中的刀开关。

⑩带电装卸熔断器时，要戴防护眼镜和绝缘手套，必要时要使用绝缘夹钳，站在绝缘垫上操作。绝缘工具和防护用具如附图 1 所示。

护环

握手部分　绝缘部分　工作部分

（a）绝缘夹钳　　　　　　　　　　　　　　　　　（b）绝缘手套

（c）绝缘靴　　　　　　　（d）绝缘垫　　　　　　　（e）绝缘站台

附图 1　绝缘工具和防护用具

⑪熔断器的容量要与设备和线路的安装容量相适应。

⑫电气设备的金属外壳必须接地（接零），接地线要符合标准，不准断开带电设备的外壳接地线。

⑬拆除电气设备或线路后，对可能继续供电的线头必须立即用绝缘布包扎好。

⑭安装灯头时，开关必须接在相线上，灯头（座）螺纹端必须接在零线上。

⑮按规定搭接临时线，敷设时应先接地线，拆除时应先拆相线，拆除的电线要及时处理好，带电的线头需用绝缘带包扎好，严禁乱拉临时线。对临时装设的电气设备，必须将金属外壳接地。严禁将电动工具的外壳接地线和工作零线拧在一起插入插座。必须使用两线带地或三线带地插座，或者将外壳接地线单独接到接地干线上，以防接触不良时引起外壳带电。用橡胶软电缆接移动设备时，专供保护接零的芯线中不许有工作电流通过。

⑯动力配电盘、配电箱、开关、变压器等各种电气设备附近，不准堆放各种易燃、易爆、潮湿和其他影响操作的物件。

⑰高空作业时应系好安全带，扶梯应有防滑措施。使用梯子时，梯子与地面之间的角度以 60° 左右为宜。在水泥地面上使用梯子时，要有防滑措施。对没有搭钩的梯子，在工作中要有人扶持。使用人字梯时，拉绳必须牢固。

⑱使用喷灯时，油量不得超过容器容积的 3/4，打气要适当，不得使用漏油、漏气的喷灯。不准在易燃易爆物品附近点燃喷灯。

⑲使用 I 类电动工具时，要戴绝缘手套，并站在绝缘垫上工作。最好加设漏电保护断路器或安全隔离变压器。

⑳使用电烙铁时，安放位置不得有易燃物或靠近电气设备，用完后要及时拔掉电源插头。

㉑电气设备发生火灾时，要立刻切断电源，并使用"1211"灭火器或二氧化碳灭火器灭火，严禁用水或泡沫灭火器。

（二）人体的触电的种类与伤害

1. 人体触电的种类

人体是导电的，当人体接触带电部位时，外部的电流会经过人体而构成回路，造成人体器官组织损伤，严重时将引起昏迷、窒息，甚至心脏停止跳动直至死亡，称为触电。

人体触电有两种类型，即电击和电伤。电击是指电流通过人体内部所造成的内伤。当电流通过人体内部时会对人体内脏及神经系统造成破坏，它可以使肌肉抽搐、内部组织损伤、发热发麻、神经麻痹等，直至死亡，通常说的触电就是电击，触电死亡大部分由电击造成。电伤是指电流通过人体外部时所造成的外伤。当电流通过人体外部时，由于电流的热效应、化学效应等现象会导致人体表皮的灼伤、烙伤等局部伤害。

2. 电流对人体的伤害

在触电事故中，电击和电伤常会同时发生。触电的伤害程度与通过人体电流的大小、流过的途径、持续的时间、电流的种类、交流电的频率、电压的高低、人体的电阻与健康状况等因素有关，其中以通过人体电流的大小对触电者的伤害程度起决定性作用。因此，通过人身的安全直流电流必须在 50 mA 以下，通过人身的交流安全电流必须在 10 mA 以下。人体对触电电流的各种反应如附表 1 所示。

附表 1　电流对人体的影响

电流 /mA	交流电 /50Hz		直流电
	通电时间	人体反应	人体反应
0~0.5	连续	无感觉	无感觉
0.5~5	连续	有麻刺、疼痛感，无痉挛	无感觉
5~10	数分钟内	痉挛、剧痛，但可摆脱电源	有针刺、压迫及灼热感
10~30	数分钟内	迅速麻痹，呼吸困难，不能自由	压痛、刺痛，灼热强烈、有抽搐
30~50	数秒至数分钟	心跳不规则，昏迷，强烈痉挛	感觉强烈，有剧痛痉挛
50~100	超过 3s	心室颤动，呼吸麻痹，心脏麻痹而停跳	剧痛，强烈痉挛，呼吸困难或麻痹

　　由于触电对人体的危害性极大，为了保障人的生命安全，使触电者能够自行脱离电源，因此各国都规定了安全电压。所谓安全电压，是指在各种不同环境条件下，人体接触到有一定电压的带电体后，其各部分组织（如皮肤、心脏、呼吸器官和神经系统等）不发生任何损害时的电压。安全电压的最高值规定为 42V，我国规定的安全电压有 5 个等级，对 50 ～ 500Hz 的交流电压安全额定值（有效值）分别为 42 V、36 V、24 V、12 V、6 V，供不同场合选用，还规定安全电压在任何情况下均不得超过 50 V（有效值）。当电器设备采用大于 24 V 的安全电压时，必须有防止人体直接触及带电体的保护措施。

（三）触电的原因与形式

　　从电流对人体的伤害可看出，必须安全用电，并且应该以预防为主。为了最大限度地减少触电事故的发生，应从实际出发分析触电的原因与形式，并针对不同情况提出预防措施。

1. 触电的原因

　　不同的场合，引起触电的原因也不一样。根据日常用电的情况，触电原因可归纳为以下几类。

　　①线路架设不合规格。采用一线一地制的违章线路架设，当接地零线被拔出、线路发生短路或接地桩接地不良时，均会引起触电；室内导线破旧、绝缘损坏或敷设不合规格，容易造成触电或碰线短路引起火灾；无线电设备的天线、广播线、通信线与电力线距离过近或同杆架设，如遇断线或碰线时电力线电压传到这些设备上引起触电；电气修理工作台布线不合理，绝缘线被电烙铁烫坏引起触电等。

　　②用电设备不合要求。电烙铁、电熨斗、电风扇等电器绝缘损坏、漏电及其

外壳无保护接地线或保护接地线接触不良；开关、插座的外壳破损或相线绝缘老化，失去保护作用；照明电路或家用电器由于接线错误致使灯具或机壳带电引起触电等。

③电工操作制度不严格、不健全、带电操作、冒险修理或盲目修理，且未采取切实的安全措施。停电检修电路时，刀开关上未挂"警告牌"，其他人员误合刀开关造成触电；使用不合格的安全工具进行操作，如用竹杆代替高压绝缘棒、用普通胶鞋代替绝缘靴等，也容易造成触电。

④用电不谨慎，违反布线规程，在室内乱拉电线，在使用中不慎造成触电；换熔丝时，随意加大规格或任意用铜丝代替铅锡合金丝，失去保险作用，引起触电；未切断电源就去移动灯具或家用电器，如果电器漏电就会造成触电；用水冲刷电线和电器，或用湿布擦拭，引起绝缘性能降低而漏电，也容易造成触电。

2．触电的形式

人体触及带电体有 3 种不同情况，分别为单相触电、两相触电和跨步电压触电，如附图 2 所示。

（a）单相触电 （b）两相触电 （c）跨步电压触电

附图 2　人体触电的形式

①单相触电。人站在地上或其他接地体上，而人的某一部位触及一相电源带电体时，电流通过人体流入大地而引起的触电，称为单相触电。在我国低压三相四线制中性点接地的系统中，单相触电的电压为 220 V。

②两相触电。人体不同部位同时触及带电设备或线路中的两相导体而引起的触电，称为两相触电。两相触电时，电流从一相电源通过人体流入另一相电源，加在人体上的电压为线电压（380 V），所以其触电的危险性比单相触电时更大。

③跨步电压触电。当电气设备或供电线路发生接地故障（特别是高压线路断线而对地短路）时，电流流过周围土壤，在地面上形成电压降，若人体在故障接

地点附近行走时，两脚之间就会形成跨步电压而引起触电，称为跨步电压触电。跨步电压的大小决定于离接地点的远近及两脚正对着地点方向的跨步距离。通常，为了防止跨步电压触电，应离接地体 20m 之外，此时跨步电压约为零。另外，防雷装置在接受雷击时，极大的流散电流在其接地装置附近的地面也会造成跨步电压电击。

（四）触电的急救方法

一旦发生触电事故，抢救者必须保持冷静，先应使触电者脱离电源，然后进行急救。

1. 脱离电源

使触电者迅速脱离电源是抢救极其重要的一环，触电时间越长，对触电者的伤害就越大。要根据具体情况和条件采取不同的方法，如断开电源开关、拔去电源插头或熔断器插件等；用干燥的绝缘物拨开电源线或用干燥的衣服垫住，单手将触电者拉开（仅用于低压触电）等，如附图3所示。总之，用一切可行的办法使触电者迅速脱离电源。在高空发生触电事故时，触电者有被摔下的危险，一定要采取紧急措施，使触电者不致被摔伤或摔死。

（a）将触电者身上的电线挑开　　　　　　（b）将触电者拉离电源

附图3　使触电者迅速脱离电源

2. 急救

触电者脱离电源后，应根据其受到电流伤害的程度，采取不同的施救方法。若停止呼吸或心脏停止跳动，决不可认为触电者已死亡而不去抢救，应立即进行现场人工呼吸和人工胸外心脏挤压，并迅速通知医院救护。抢救必须分秒必争，时间就是生命。

（1）人工呼吸法

人工呼吸的方法很多，其中以口对口（或对鼻）的人工呼吸法最为简便有效，而且也最易学会，具体做法如附图4所示。

（a）打开呼吸道　　　（b）捏鼻掰嘴　　　　（c）贴紧吹气　　　　（d）放松换气

附图4　人工呼吸法

①打开呼吸道。把触电者移到空气流通的地方，最好放在平直的木板上，使其仰卧，不可用枕头。然后把头侧向一边，掰开嘴，清除口腔中的杂物、假牙等。如果舌根下陷应将其拉出，使呼吸道畅通。同时解开衣领，松开上身的紧身衣服，使胸部可以自由扩张。再将触电者的头部尽量后仰，鼻孔朝天，颈部伸直。

②捏鼻掰嘴。抢救者位于触电者的一边，用一只手紧捏触电者的鼻孔，并用手掌的外缘部压住其额部，扶正头部使鼻孔朝天。另一只手托在触电者的颈后，将颈部略向上抬，以便接受吹气。

③贴紧吹气。抢救者做深呼吸，然后紧贴触电者的口腔，对口吹气约2 s。同时观察其胸部有否扩张，以决定吹气是否有效和是否合适。

④放松换气。吹气完毕后，立即离开触电者的口腔，并放松其鼻孔，使触电者胸部自然回复，时间约3 s，以利其呼气。

按照上述步骤不断进行，每分钟约反复12次（每次约5s）。如果触电者张口有困难，可用口对准其鼻孔吹气，效果与上面方法相近。

（2）胸外心脏挤压法

胸外心脏挤压法是用人工挤压心脏代替心脏的收缩作用。凡是心跳停止或不规则的颤动时，应立即用这种方法进行抢救，具体做法如附图5所示。

附图5　胸外心脏挤压法

①使触电者仰卧，姿势与人工口对口呼吸法相同，但后背着地处应结实。

②抢救者骑在触电者的腰部。

③抢救者两手相叠，用掌根置于触电者胸骨下端部位，即中指指尖置于其颈部凹陷的边缘，"当胸一手掌"，掌根所在的位置即为正确压区。然后掌根用力垂

直向下挤压，使其胸部下陷 3 ～ 4 cm，可以压迫心脏使其达到排血的作用。

④使挤压到位的手掌突然放松，但手掌不要离开胸壁，依靠胸部的弹性自动回复原状，使心脏自然扩张，大静脉中的血液就能回流到心脏中来。

按照上述步骤连续不断地进行，每分钟约 60 次。挤压时定位要准确，压力要适中。不要用力过猛，避免造成肋骨骨折、气胸、血胸等危险。但也不能用力过小，达不到挤压目的。

上述两种方法应对症使用，若触电者心跳和呼吸均已停止，则两种方法应同时进行；如果现场只有一个人抢救，两种方法应交替使用：每次先行吹气 2 ～ 3 次，再挤压 10 ～ 15 次，如此反复进行。经过一段时间的抢救后，若触电者面色好转、口唇潮红、瞳孔缩小、心跳和呼吸恢复正常、四肢可以活动，这时可暂停数秒进行观察，有时触电者就此恢复。如果还不能维持正常的心跳和呼吸，必须在现场继续进行抢救，尽量不要搬动，如果必须搬动，抢救工作绝不能中断，直到医务人员来接替抢救为止。

为便于急救方法的掌握，可根据下列口诀进行记忆。

口对口人工呼吸法：清口捏鼻手抬额，深吸缓吹口对紧，张口困难吹鼻孔，五秒一次不放松。

体外心脏挤压法：掌根下压不冲击，突然放松手不离，手腕略弯压一寸，一秒一秒较适宜。

二、电气安全技术与应用

（一）保护接地和保护接零

电力系统和电气设备的接地，按其作用的不同，可分为工作接地、保护接地、保护接零和重复接地。为了保证电气设备在正常或事故情况下可靠运行，必须把电力系统中某一点进行接地，称为工作接地。而保护接地、保护接零及重复接地，则完全是为了安全起见所采取的措施。

1.保护接地

（1）接地的作用

为了保证电气设备和人身的安全，在整个电力系统中，包括发电、变电、输电、配电和用电的每个环节，所使用的各种电气设备和电器装置都需要接地。

所谓接地，就是电气设备和装置的某一点与大地进行可靠的电连接，如电动机、变压器和开关设备的外壳接地（或中性点接地）。假如这些设备应该接地的而没有接地，那么对设备的安全运行和人身的安全就存在威胁。

从附图 6（a）中可以看出，当电气设备某处的绝缘损坏时，其金属外壳则带电。如果此时人体一旦触及到外壳，电流就会经过人体和线路的地面形成回路，发生触电的危险。为了避免这种触电的危险，应尽量降低人体所能接触到的接触电压。为此，应将电气设备的金属外壳与接地体相连接，即采取接地，如附图6（b）所示。

（a）无接地时电流通过人体的情况　　　　　（b）有接地时电流通过人体的情况

附图6　对地短路电流通过人体的情况

由于将电气设备的外壳和大地相连接，其接地电阻为 R_d，而人体电阻为 R_r。此时碰壳的接地电流则沿着接地体和人体两条通路流过。流过每条通路的电流值与电阻的大小成反比，即

$$\frac{I_r}{I_d} = \frac{R_r}{R_d} \; ; \; I_r = I_d \cdot \frac{R_r}{R_d}$$

式中，I_r 为流过人体的电流；I_d 为沿接地体流过的电流。

在一般情况下，人体的电阻达 $40 \sim 100 \, k\Omega$，即使在恶劣的环境下，人体的电阻也为 $1 \, k\Omega$ 左右，而 R_d 一般不大于 $10 \, \Omega$。从上式可以看出，接地体的接地电阻越小，人体所能触及到的接触电压也越低，而流过人体的电流就越小。为了保证电气设备和人身的安全，在整个电力系统中，包括发电、变电、输电、配电和用电的每个环节，所使用的各种电气设备和电器装置都需要接地。

（2）接地分类

在电力工程中，接地技术应用极多，通常按接地的作用来分类，常用的有下列几种。

①保护接地。在电力系统中，凡是为了防止电气设备及装置的金属外壳因发生意外带电而危及人身和设备安全的接地，叫作保护接地。

②工作接地。在电力系统中，凡因设备运行需要而进行的接地，叫作工作接地。例如，配电变压器低压侧中性点的接地，发电机输出端的中性点接地等。

③过电压保护接地（防雷接地）。为了消除电气装置或设备的金属结构免遭大气或操作过电压危险的接地，叫作过电压保护接地。

④静电接地。为了防止可能产生或聚集静电荷而对设备或设施构成威胁而进行的接地，叫作静电接地。

⑤隔离接地。把不能受干扰的电器设备或把干扰源用金属外壳屏蔽起来，并进行接地，能避免干扰信号影响电器设备正常工作，叫作隔离接地。隔离接地也叫作金属屏蔽接地。

⑥电法保护接地。为保护管道不受腐蚀，采用阴极保护或牺牲阳极保护等的接地，叫作电法保护接地。

在以上各种接地中，以保护接地应用得最多、最广，一般电工在日常施工和维修中，遇到的概率也最多。

（3）保护接地的安装要求

①接地电阻不得大于 4 Ω，应采用专用保护接地插脚的插头；

②保护接地干线截面不小于相线截面的 1/2，单独用电设备应不小于 1/3；

③同一供电系统中采用了保护接地就不能再采用保护接零；

④必须有防止中性线及保护接地线受到机械损伤的保护措施；

⑤保护接地系统每隔一定时间检查其接地状况。

（4）有以下几种情况的，可免予保护接地

①安装在不导电的建筑材料且离地面 2.2 m 以上人体不能直接触及的电气设备，若要触及时人体已与大地隔绝；

②直接安装在已有接地装置的机床或其他金属构架上的电气设备；

③在干燥和不良导电地面（如木板、塑料或沥青）的居民住房或办公室里，所使用的各种日用电器，如电风扇、电烙铁和电熨斗等；

④电度表和铁壳熔丝盒；

⑤由 36 V 或 12 V 安全电源供电的各种电器的金属外壳；

⑥采用 1∶1 隔离变压器提供的 220 V 或 380 V 电源的移动电器。

2. 保护接零

380 V / 220 V 三相四线制系统中的电气设备，必须采用保护接零，即将电气设备正常不带电的金属外壳与系统的零线相连接，以减少触电的机会，如附图 7（a）所示。

（a）保护接零线路　　　　　　　（b）不准在同一系统中既接地又接零

附图 7　电气设备的保护接零

（1）接零的作用

接零的作用也是为了保护人身安全。因为零线的阻抗很小，当一相碰壳时，就相当于该相短路，使熔断器或其他自动保护装置动作，从而切断电源达到保护目的。

（2）保护接零的安装要求

①保护零线在短路电流作用下不能熔断；

②采用漏电保护器时应使零线和所有相线同时切断；

③零线的粗细一般取与相线相等；

④中线必须实行重复接地；

⑤架空线路的零线应架设在相线的下层；

⑥在中性线上不允许安装熔断器和自动空气开关，以防中性线断线，失去保护接零的作用，为此零线上不能装设断路器、刀闸或熔断器；

⑦防止零线与相线接错；

⑧多芯导线中规定用黄、绿相间的线作保护零线；

⑨电气设备投入运行前必须对保护接零进行检验；

⑩不允许在同一系统中有的设备接零而有的设备接地。例如，在同一系统中，A 设备接地，B 设备接零，如附图 7（b）所示，当设备 A 发生单相碰壳时，会使接零设备的对地电压升高，如果人体同时触及接零和接地设备的外壳时，其接触电压将达到网路的相电压，这是不允许的。

⑪中性点不接地系统中的设备采用保护接零是决对不允许的，因为任一设备发生碰壳时都将使所有设备的金属外壳上呈现近于相电压的对地电压。这是十分危险的。当中点接地的保护接零系统中中点接地一旦断线，也会发生上述情况，这也是十分危险的。

（二）电气的防火、防爆、防雷

1. 电气防火

电气火灾是电气设备因故障（如短路、过载、漏电等）产生过热，或者由于设备自身缺陷、施工安装不当、电气接触不良、雷击引起的高温、电弧、电火花（如电焊火花飞溅、故障火花等）而引发的火灾。

（1）电气火灾产生的原因

①设备或线路发生短路故障。电气设备由于绝缘损坏、电路年久失修、疏忽大意、操作失误及设备安装不合格等造成短路故障，其短路电流可达正常电流的几十倍甚至上百倍，产生的热量（正比于电流的平方）使温度上升超过自身和周围可燃物的燃点引起燃烧，从而导致火灾。

②过载引起电气设备过热。选用线路或设备不合理，线路的负载电流量超过

了导线额定的安全载流量，电气设备长期超载（超过额定负载能力），引起线路或设备过热而导致火灾。

③接触不良引起过热。接头连接不牢或不紧密、动触点压力过小等使接触电阻过大，在接触部位发生过热而引起火灾。

④雷击引起的火灾。

⑤通风散热不良。大功率设备缺少通风散热设施或通风散热设施损坏造成过热而引发火灾。

⑥电器使用不当。如电炉、电熨斗、电烙铁等未按要求使用，或用后忘记断开电源，致使过热而导致火灾。

⑦电火花和电弧。有些电气设备正常运行时就能产生电火花、电弧。如大容量开关，接触器触点的分、合操作，都会产生电弧和电火花。电火花温度可达数千度，遇可燃物便可点燃，遇可燃气体便会发生爆炸。

（2）电气火灾的预防方法

①在线路设计时应充分考虑负载容量及合理的过载能力；

②按照相关规定安装避雷设备；

③在用电上，应禁止过度超载及乱接乱搭电源线；

④用电设备有故障，应停用并尽快检修；

⑤对于某些需要在有人监护下才能使用的电气设备，应"人去停用（电）"；

⑥防止"短路"故障，对于易引起火灾的的场所，应加强防火，配置防火器材。

预防电火灾看来都是一些烦琐小事，可实际意义重大，千万不要麻痹大意。

（3）电气火灾的紧急处理步骤

①切断电源。当电气设备发生火警时，先要切断电源（用木柄消防斧切断电源进线），防止事故扩大和火势蔓延，并防止在灭火过程中发生触电事故。同时拨打"119"火警电话，向消防部门报警。

②正确使用灭火器材。发生电火警时，绝不可用水或普通灭火器灭火，如泡沫灭火器，因为水和普通灭火器中的溶液都是导体，一旦电源未被切断，救火者就有触电的可能。所以，发生电火警时应使用干粉（二氧化碳）或"1211"灭火器灭火，也可以使用干燥的黄沙灭火。

③安全事项。救火人员不要随便触碰电气设备及电线，尤其要注意断落到地上的电线。此时，对于火警现场的一切线、缆，都应按带电体处理。

2. 电气防爆

（1）由电引起的爆炸

由电引起的爆炸也是危害极大的灾难性事故。爆炸的原因是广泛性的，主要发生在含有易燃易爆气体、粉尘的场所。当空气中汽油的含量比达到 1% ～ 6%，乙炔达到 1.5% ～ 82%，液化石油气达到 3.5% ～ 16.3%，家用管道煤气达到 5% ～ 30%，氢气达到 4% ～ 80%，氨气达到 15% ～ 28% 时，如遇电火花或高温、高热，就会引起爆炸。碾米厂的粉尘、各种纺织纤维粉尘，达到一定程度也会引起爆炸。

（2）防爆的措施

为了防止电气引爆的发生，在有易燃易爆气体、粉尘的场所，应合理选用防爆电气设备，正确敷设电气线路，保持场所良好通风；应保证电气设备的正常运行，防止短路、过载；应安装自动断电保护装置，对危险性大的设备应安装在危险区域外；防爆场所一定要选用防爆电机等防爆设备，使用便携式电气设备应特别注意安全；电源应采用三相五线制与单相三线制，线路接头采用熔焊或钎焊。

3．电气防雷

（1）雷电的形成

雷鸣与闪电是大气层中强烈的放电现象。雷云在形成过程中，由于摩擦、冻结等原因，积累起大量的正电荷或负电荷，产生很高的电位。当带有异性电荷的雷云接近一定程度时，就会击穿空气而发生强烈的放电。强大的放电电流伴随高温、高热，发出耀眼的闪光和震耳的轰鸣。

（2）雷电的危害

雷电是一种自然现象，在我国的活动比较频繁。雷电产生的强电流、高电压、高温、高热具有很大的破坏力和多方面的破坏作用，给电力系统、给人类造成严重灾害。例如，对建筑物或电力设施的破坏，对人畜的伤害，引起大规模停电、火灾或爆炸等。因此，雷击的危害是非常严重的，必须采取有效的防护措施。

（3）防雷的措施

防雷的基本思路是疏导，即设法构成通路将雷电电流引入大地，从而避免雷击的破坏。常用的避雷装置就是基于这种思路设计的，有避雷针、避雷线、避雷网、避雷带和避雷器等。

其中的针、线、网、带作为接闪器，与引下线和接地体一起构成完整的通用防雷装置，主要用于保护露天的配电设备及建筑物等免受雷击。避雷器则与接地装置一起构成特定用途的防雷装置，主要用来防止雷电的感应过电压入侵电气设备和线路。

①避雷针。为了保证安全用电，在室外的变电设备、构架、建筑物等应装设独立的避雷针，对直击雷进行保护，这些避雷针除有单独的接地设备装置外，还

应与被保护物之间保持一定的空间距离。

避雷针及避雷线是防止直接雷击的有效装置，它们的作用都是将雷电吸引到金属针（线）上并安全泄入大地，从而保护附近的建筑物、线路和设备。

②避雷器。所有电气设备的绝缘都具有一定的耐压能力，一般均不低于工频线电压的 3.5 ～ 7 倍。如果施加的过电压超过这个范围，将发生闪路爬弧或击穿绝缘，使电气设备损坏。

避雷器是一种能释放雷电引起的过电压，保护电工设备免受瞬时过电压危害，又能截断续流，不致引起系统短路的电气装置。避雷器通常接于带电导线与地之间，与被保护设备并联。只要选择避雷器的放电电压低于电气设备的绝缘耐压值，当过电压侵袭时，避雷器立即动作而对地放电，从而限制了过电压的幅值，使被保护设备的绝缘免受过电压的破坏；当过电压消失后，避雷器又迅速恢复原状，系统又能正常供电，被保护设备自动恢复到原来状态。

避雷器根据放电后恢复到起始状态过程的熄弧方法不同，分为管型避雷器和阀型避雷器。另外，避雷器按不同的分类又有防雷器、过电压保护器、氧化锌避雷器、碳化硅避雷器、电站避雷器、配电避雷器、保护电容器避雷器、保护电机避雷器等。

（三）电气线路的安全技术

电气线路要按规程装设，否则就极容易发生触电及其他电气事故。电气线路装置的要求是安全、可靠、正规且布线合理，同时充分考虑维修方便。

1. 对电气线路绝缘的要求

对电气线路，有一定的绝缘要求，线路相间绝缘和对地绝缘都有规定。线路绝缘除能保证正常工作外，还应经得起过电压考验；对于每一分路及总熔断器和分熔断器的导线与导线之间，当用 500 V 兆欧表测量时，新装线路的绝缘电阻应不小于 0.5 MΩ；原有线路，导线与导线之间的绝缘电阻应不小于 0.38 MΩ，导线与大地之间的绝缘电阻应不小于 0.22 MΩ；采用特低电压线路，绝缘电阻应不小于 0.22 MΩ。另外，凡人体容易触及的线路，其绝缘强度应不低于 500 V。

2. 电气线路导线截面的选择

低压装置的动力、照明、电热负荷等导线截面的选择由以下 3 个方面确定。

（1）导线安全载流量

①电阻性负载：导线安全载流量应大于所有设备的额定电流之和。如果线路所带的用户较多时，可考虑一定的系数 k（$k \geqslant 0.8$）。

当负载为照明负载时，每一分路的最大负载电流不应超过 15 A；当负载为电热负荷时，每一分路的最大负载电流不应超过 35 A。

②电动机负载：若负载为单台电动机，则导线安全载流量大于或等于电动机

的额定电流。若负载为多台电动机，则导线安全载流量≥容量最大一台电动机的额定电流＋其余各台电动机的计算负荷电流。

（2）线路电压降

线路允许有一定的电压降，但电压降不可太大，否则会使负载得不到足够的电压而无法正常工作或造成事故。一般线路压降不宜超过5％。

（3）机械强度

导线应有一定的机械强度，足以抵抗经常的外部拉力。

3．布线方式

电气布线分为架空线路、电缆线路和室内配线等。

架空线路的导线应具备导电性能好、重量轻、机械强度高等条件。由于架空线路具有投资低、施工期短、易于发现故障、便于维修等优点，因此被经常采用。

电缆线路分直埋敷设、电缆沟敷设、排管敷设等。电缆敷设时应尽量选择距离短的路线，减少穿越公路、铁路的次数。电缆线路具有不占用地面空间、运行可靠、敷设隐蔽等优点，但出现故障时，故障点较难发现，且维修工作量大。

室内配线通常有暗敷线路和明敷线路两种方式。暗敷线路指线路装置埋设在建筑墙内、埋设在地下及装设在天花板或吊顶上面。明敷线路是指线路装置设在墙壁、天花板等建筑面上，线路走向一目了然。常用的明敷线路有塑料护套线线路、明敷线管线路及瓷瓶线路等。室内配线的基本施工步骤和施工工艺如下所述。

（1）塑料护套线的敷设

塑料护套线具有耐潮性能好、抗腐蚀力强、线路占用空间小等优点，主要适用于明敷。

①确定线路走向，标划走向线。在明线敷设时，如果按图施工，则按图纸标划线路走向；如果工程较小，没有施工图时，则在保证线路工作安全可靠的前提下，先确定线路走向，然后标划线路走向。明敷线路根据安全要求，线路的高度、导线的排列方式等都必须符合技术规范，依据美观、整齐的要求，线路走向横平竖直，线路转向时应保持直角。在标划线路走向的同时，应标出相应的导线支撑点及相关的一些线路器材的安装位置。

②凿打墙孔。根据划出的走向线上的导线支撑点及相关的一些线路器材的安装位置，凿打墙孔。当墙孔为木楔孔时，孔深要比木楔长1/4左右，孔径应略小于木楔，且内外孔径一致；当墙孔为膨胀螺栓孔时，墙孔必须垂直，孔径必须精确，孔深略比膨胀管长些。

③固定导线支架。若用塑料线卡固定塑料护套线，则固定导线用的塑料卡的

敲钉工作与导线敷设工作同时进行。两固定点的距离以 150～300 mm 为宜，在距开关、插座、灯座 50 mm 处都须设置线卡。若线路需要转弯，则为避免损伤导线，护套线转弯时圆弧要大些，一般圆弧半径 R 不小于导线外径的 6 倍，且转弯前后分别用线卡固定。若护套线穿线管敷设，则在固定线管的每个支撑点安装一个管卡，每个管卡用两个木螺丝固定。

④敷设导线。护套线布线的离地距离：户外水平敷设时，不得低于 2 m；户外垂直敷设时，不得低于 13 m；户内水平敷设和垂直敷设都不得低于 15 m。离地距离低于规定要求时，规定高度以下部分应加装钢管或硬塑料管保护。护套线穿过墙壁或楼板部分也应加装钢管或硬塑料管保护。塑料护套线敷设时，其接头一般安排在开关或插座处，而不允许导线与导线直接连接，如确需对接或进行分支连接时，应装设接线盒。

（2）管线布线

①线管的选择。管线布线是用钢管、电线管或硬塑料管作导线保护管所敷设的线路。硬塑料管机械强度差，但具有防潮、抗酸碱、耐腐蚀等性能，适用于腐蚀性大的场所。钢管管壁较厚，具有防潮、防火、防爆等性能，在潮湿和有腐蚀的场合都可使用。电线管的管壁较薄，可用于干燥的场合。

线管的选择还要考虑其所穿导线的根数与导线的截面。管内导线一般不得超过 10 根，管子内导线总截面积不得超过管子有效截面积的 40 %，且钢管内不允许穿单根导线，不同电压、不同电度表的导线不能穿在同一根管内。

②线管的处理。线管可以是钢管、专用电线管或塑料管。在线管敷设前，先要对线管进行处理。

线管必须经过防锈处理。为了防止线管经长时间使用后生锈而影响使用，在配管前要对钢管和电线管进行除锈与涂漆处理。钢管内部除锈可用圆形钢丝刷，在钢丝刷的两头各连一根铁丝，穿过线管，并来回拉动，清除铁锈，线管外部可用钢丝刷打磨，除锈后的线管表面涂以油漆或沥青漆。

根据线路敷设的需要，当线路转弯时，要对线管进行弯曲。明管敷设拐弯时，圆弧的曲率半径应大于管子直径的 4 倍；暗管敷设拐弯时，圆弧的曲率半径应大于管子直径的 6 倍。钢管和电线管可用弯管器进行弯曲，硬塑料管可先对需弯曲的部位均匀加热，然后再弯曲。为防止弯曲时把硬塑料管子弯扁，可用一端扣有绳子的弹簧穿入管子的弯曲处再行弯曲，弹簧的外径略比塑料管内径小些，管子弯好后再用绳子将弹簧拉出。

③线管敷设。线管敷设时，要用管卡固定。直线敷设时，管卡固定距离根据线管的粗细、壁厚来定，线管弯头的两边及线管进入开关、插座、灯座和接线盒前 300 mm 处都须用管卡固定。

④穿线。穿线前，先把钢丝穿过线管，并在钢丝上扎一块擦布，将擦布来回拉几次，清除管内杂物和水分。再把钢丝与导线连在一起，这时钢丝作为引线，一人从管子的一端往里送线，另一人从管子的另一端拉钢丝引线，使电线穿过线管。为使导线较容易穿入，钢丝与导线的结头要尽量小，且结头的绑结应牢固。另外，线管中的导线不得有接头，导线的额定电压不应低于交流电压 500 V。

（3）暗敷线路

导线暗敷是把导线敷设在地板、墙壁、楼板或顶棚内，建筑物表面看不到电气线路，因此具有美观的特点。除此之外，暗敷线路具有防水、防潮、防腐蚀等优点。在家庭、宾馆及一些公共场所，由于美观的需要，对电气线路、电器开关等要求暗设。

①固定线管。线路暗敷时，不能把塑料护套线或其他导线直接埋入水泥或石灰粉层，而必须在墙壁、楼板内预埋穿线管，然后将导线穿入管内。暗敷线路常和房屋建筑配套进行。若管线配在混凝土构件内，可用细铁丝扎在钢筋上。若管线配在砖墙内，一般在砌砖墙时预埋。否则，应在砖墙上开槽，在砖槽内固定线管，可先在砖缝内打入木楔，再把绑有细铁丝的铁钉钉入木楔，用细铁丝把线管扎牢即可。应该注意的是：埋设的线管不能有外露现象。

②开关、插座的安装。在暗敷线路中，开关与插座的前平面一般比墙面略有凸出。开关、插座安装处应留有安装孔，孔内用石膏等固定专用接线盒或自制木盒，开关或插座固定在接线盒上，其盖板应紧贴墙面。

4．临时用电的安全

临时用电线路大都是临时性使用的用电装置。布线时严禁将导线打结，或用铁丝捆扎悬挂，或随便将电线在地上拖来拖去，或不装插头直接用线头插入插座。临时用电线路应做到定期检查，保证用电线路与用电装置良好安全地运行。

临时用电装置的用电量较小时，单相 220 V 电压线路，允许用三芯坚韧橡皮线或塑料护套线；三相 380 V 电压线路，允许用四芯坚韧橡皮线，但长度一般不超过 100 m，离地高度应不低于 25 m，敷设必须安全可靠。

从安全出发，架设线路时，应先接用电设备的一端，后接电源一端。拆除线路时正好相反，应先拆电源一端，后拆用电设备一端。

5．线路的保护措施

线路的保护最常用的方法是在线路中装设熔断器和空气开关断路器。

（四）电气设备的安全要求

1．电气安全工作的基本要求

①在电气设备上工作至少应有两名经过电气安全培训并考试合格的电工进行。非合格电工在电气设备上工作时应由合格电工负责监护。

②电气工作人员必须认真学习和严格遵守《电业安全工作规程》和工厂企业制定的现场安全规程补充规定。

③在电气设备上工作一般应停电后进行。只有经过特殊培训并考核合格的电工方可进行批准的某些带电作业项目。停电的设备是指与供电网电源已隔离，已采取防止突然通电的安全措施并与其他任何带电设备有足够的安全距离。

④在任何已投入运行的电气设备或高压室内工作，都应执行两项基本安全措施，即技术措施和组织措施。技术措施是保证电气设备在停电作业时断开电源，防止接近带电设备，防止工作区域有突然来电的可能；在带电作业时能有完善的技术装备和安全的作业条件。组织措施是保证整个作业的各个安全环节在明确的有关人员安全责任制下组织作业。

⑤为了保证电气作业安全，所有使用的电气安全用具都应符合安全要求，并经过试验合格，在规定的安全有效期内使用。

2．在电气设备上工作的组织措施

（1）电气设备上工作人员的安全责任

①工作票签发人要正确签发安全工作票，保证作业任务的必要性和进行作业时的安全性，保证必要的安全措施的正确和完善，保证所指派的工作人员适当、足够、精神状态良好。

②工作负责人正确、安全地组织工作，进行安全思想教育和纪律教育，检查安全措施是否正确、完善，检查工作人员是否适当、足够、精神状态良好，督促和监护认真执行安全工作规程和作业规程，组织清理作业现场并办理工作票终结手续。

③工作许可人要认真审查安全措施是否符合现场需要和正确完备，正确完善地布置好工作现场的安全措施，检查停电设备有无突然来电的危险，若有疑问应向工作票签发人询问，必要时应要求做出详细补充。

④工作班人员应清楚地了解现场的安全条件和有关安全措施及本人的工作任务和要求，认真执行安全工作规程和现场安全措施，关心施工安全并监督安全规程和现场安全措施的实施，认真清理现场和工具。

工作票签发人不得兼任工作负责人或工作许可人，工作票签发人必须在参加现场作业时应列入工作班人员名单，并接受工作负责人的监护和督促。工作负责人可以填写工作票但无权签发，工作许可人也不得签发工作票。

（2）工作票制度

在电气设备上工作都要按工作票或口头命令执行。第一种工作票适用于在高压设备上工作需要全部或部分停电的情况，以及在高压室内二次回路和照明回路上工作需要将高压设备停电或做安全措施的情况。第二种工作票适用于无须将高压电气设备停电的带电作业，带电设备外壳上的工作，控制盘和低压配电盘、配电箱、电源干线上的工作，二次回路上的工作，转动中的发电机、同步电机的励磁回路或高压电动机转子电阻回路上的工作，非当值值班人员用绝缘棒或电压互感器定相或用钳形电流表测量高压回路的电流。凡不属于上述两种工作票范围的工作，可以用口头或电话命令，命令除告知工作负责人外，并要通知值班运行人员，将发令人、负责人及任务详细记在值班的有关记录簿中。

此外，还有工作许可制度，工作监护制度，工作间断、转移和终结制度。

3．在电气设备上工作的安全技术措施

①停电；

②验电；

③装设接地线；

④悬挂警告牌和装设遮栏。